Anton Fichtlmeier
Julia Numßen

Die Prägung des Jagdhundwelpen

Unter Mitarbeit von Gila Fichtlmeier und Susanne Ehlers

KOSMOS

Züchter und Hundeführer legen den Grundstein

Ein Welpe für Sie

Augen und Ohren auf – erste Signale setzen

Anlagen fördern und Abgabe vorbereiten

Der Neustart und erste Erziehungsschritte

Unverzichtbar – die Leine

Der Apport

Die Nasenleistung fördern

Züchter und Hundeführer legen den Grundstein

Andere Zeiten, andere Ansprüche

Im Laufe der Zeit hat sich der Anspruch an unsere Jagdhunde gewandelt. Früher bestimmte der Jäger, welcher Hund ins Haus kommt. Heute entscheidet der Familienrat. Früher wurden die Hunde im Zwinger gehalten, fast ausschließlich mit Jagd konfrontiert und durften so ihre Passion ausleben. Heute verbringen sie einen Großteil ihres Lebens als Familienhunde.

Unser Jagdhund soll Passion zeigen und gleichzeitig sozial verträglich sein wie dieser Hannoversche Schweißhund.

Früher hätte man sich nie Gedanken um die emotionale Zufriedenheit eines Hundes gemacht. Er war ein Gebrauchsgegenstand, wurde erst ab einem Alter von zirka neun Monaten durch Stubendressur abgerichtet und lief davor einfach irgendwie mit. Heute wird die Familie in die Erziehung mit eingebunden. Aber schon als Welpen werden die Hunde nicht erzogen, sondern bespaßt und genießen außerhalb des Jagdbetriebs große Freiräume und eine Menge Privilegien.

Der Spagat zwischen Familie, sozialem Umfeld und Jagd ist um ein Vielfaches schwieriger geworden. Die jagdliche Passion unserer Jagdhunde hat sich jedoch nicht wesentlich verändert, da sie aber zu 90 Prozent als Familienhunde gehalten werden, müssen wir ihnen heute komplexere Rahmenbedingungen bieten.

Schon früh werden die Welpen auf den Spagat zwischen Jagd- und Familienhund vorbereitet.

Gewünscht: der sozial verträgliche Jagdhund

Mit der richtigen Herangehensweise lässt sich fast jede unserer Jagdhundrassen auch außerhalb des Jagdbetriebes im normalen Familienalltag auslasten und zufriedenstellen. Da viele unserer Jagdhunde aber einen eigenen Kopf haben, brauchen sie eine klare Ansage und konsequente Führung. Sie müssen als „moderner" Jagdhund in erster Linie sozial verträglich sein und sich gleichermaßen im jagdlichen Einsatz hochbelastbar und nervenstark zeigen.

Wichtig ist deshalb, nicht nur die angewölfte Passion fürs Jagen zu wecken und zu fördern, sondern vor allem den Welpen in allen Bereichen präventiv so zu prägen, dass er auch außerhalb des jagdlichen Geschehens für die gesamte Familie kontrollierbar wird. Kniffelig, aber zu schaffen, besonders dann, wenn sich ein aufgeschlossener, vorausschauender Züchter um diese Aufgabe kümmert und bis zur Abgabezeit der Welpen, die zwischen der achten und zehnten Woche liegt, entsprechende Vorarbeit leistet. Dazu gehören die gute Betreuung der Hündin in der Zeit der Trächtigkeit, die optimalen Vorkehrungen bis zum Werfen der Welpen und deren behutsame und immer an die jeweilige Entwicklungsphase angepasste Vorbereitung auf das spätere Leben als Jagd- und Familienhund.

Der Züchter schafft Freiräume und setzt Grenzen ...

Von der ersten Stunde an fördert der Züchter den vertrauensvollen Körperkontakt zwischen Welpe und Mensch. Das spielt später für den werdenden Jagdhund, der in der Familie aufwächst, eine wichtige Rolle. Der Züchter lässt die Welpen unter seiner Kontrolle die Umwelt erobern, schafft die Basis fürs freudige Herankommen und fördert durch Tauschen von Beute das Überlassen von Wild und die Bringtreue. Durch ihn lernt die vierläufige Rasselbande schon früh, Kontakt zu halten und sich am Menschen zu orientieren.

Der Züchter schafft in den ersten acht bis zehn Wochen Freiräume, setzt aber zugleich auch Grenzen, was die Akzeptanz bei den Welpen erhöht, sich von Menschen führen und reglementieren zu lassen.

Eine haarige Angelegenheit: der erste Kontakt mit Wild

... und Sie als zukünftiger Besitzer bauen darauf auf

Der Start eines jungen Hundes in sein neues Leben kann so nicht besser sein. Alles was Sie als zukünftiger Hundeführer jetzt zu tun haben, ist, die bereits eingeführten Abläufe, Signale und Rituale zu übernehmen. Damit erleichtern Sie auch dem Welpen den Abschied von Hotel Mama. Nun gilt es, den Heranwachsenden in seiner Entwicklung weiter zu fördern. So wird er künftig als „moderner" Jagdhund Beständigkeit und Zuverlässigkeit auf der Jagd sowie soziale Kompetenz gegenüber seinem gesamten Umfeld zeigen.

Den Welpen nicht überfordern

Denken Sie bei all den vielen Aufgaben, an die Sie Ihren jungen Hund heranführen wollen, immer daran, dass Sie einen Welpen vor sich haben. Er benötigt viele Pausen, ausreichend Schlaf und Ruhephasen. Selbstverständlich können Sie jeden Tag mit ihm üben, aber in Maßen. Überfordern Sie ihn nicht, auch wenn er schnell lernt und begreift.

Geben Sie ihm und sich Zeit, zusammenzuwachsen. So wird er zu einem „modernen" Jagdhund, wie wir ihn uns in der heutigen Zeit wünschen und mit dem wir überall gerne gesehen sind.

Das Team (v. l. n. r.): Gila und Anton Fichtlmeier, Julia Numßen mit den Hunden Emma, Assi, Terrie und Emmi

Ein Welpe für Sie

Der richtige Züchter

Sie suchen einen Jagdhund zu Jagdzwecken und wissen, wie und wo der Hund später zum Einsatz kommen wird. Deshalb haben Sie sich zusammen mit Ihrer Familie zuerst umfassend über die Eigenschaften und Bedürfnisse der in Frage kommenden Hunderassen informiert und sich dann für Ihre Rasse entschieden. Jetzt suchen Sie nach einem guten Züchter, weil Sie wissen, dass schon die ersten acht bis zehn Lebenswochen des Welpen zu einem erheblichen Teil mitentscheidend dafür sein können, wie der Vierläufer sich später zu Hause und im Revier macht.

In der Hand des Züchters liegt also eine große Verantwortung. Er kann bereits viele wichtige Schalter auf „grün“ stellen, denn ein Welpe ist in dieser Phase offen für Neues, extrem neugierig auf seine Umwelt und leicht formbar.

Der optimale Wurfzeitpunkt

Immer wieder hört man die Frage: „Welche Jahreszeit ist besser zur Aufzucht der Welpen?“ Wir halten es für optimal, wenn Welpen im späten Frühjahr beziehungsweise Frühsommer geworfen werden. Die Auffassung teilen viele Züchter und passen die Hitze der Hündin so ab, dass sie im Frühjahr- oder Frühsommer wölfen wird.

Es ist in mancher Hinsicht vorteilhaft, wenn die angehenden Jagdhunde in die milde Jahreszeit hineingeboren werden. So können die

Im Frühjahr gewölfte Welpen haben eine optimale Ausgangsposition: Sie können bei den milden Temperaturen oft draußen sein und dort erste Erfahrungen sammeln – so wie diese Parson-Russell-Terrier, die neugierig ihren Abenteuerspielplatz erkunden.

Wurfgeschwister tagsüber viel länger im Garten herumtollen und ihren Abenteuerspielplatz erkunden, Reviergänge unternehmen oder erste Erfahrungen an einem Gewässer machen. Vieles davon entgeht Welpen, die in der nasskalten Jahreszeit das Licht der Welt erblicken, denn bei Regen, Sturm, Schnee oder Frost sind einige Aktivitäten nur bedingt möglich. Der Erkundungsdrang der Welpen ist aufgrund der kalten Temperaturen auch meist gehemmter und die Jungen liegen tagsüber oft eng beieinander, um sich gegenseitig zu wärmen. Die Folge: Wenn die „Stubenhocker" aufgrund kalter Witterung oder hoher Schneelage weniger entdecken können und man ihnen nicht so viel bieten kann, mangelt es ihnen gerade in der sehr sensiblen Entwicklungsphase zwischen der vierten und achten Woche an wichtigen Lernprozessen. Fazit für Sie als zukünftiger Besitzer: Vierbeiner, die im Frühjahr oder Frühsommer geworfen werden, bekommen oft ein besseres „Rüstzeug" mit auf den Weg.

Züchter suchen

In diversen Jagdzeitschriften stoßen Sie als Welpenkaufinteressent auf Anzeigen, in denen Jagdhundzüchter die Wurftermine frühzeitig ankündigen und Würfe bekanntgeben. Bereits jetzt sollten Sie die für Sie infrage kommenden Züchter kontaktieren. Klären Sie ab, für was und wie der Züchter Vorprägung leisten wird. Auch für den Züchter ist es wichtig, frühzeitig die künftigen Besitzer kennenzulernen. Bei diesen ersten Kontakten wird besprochen, ob der Welpe Familienanschluss haben und im Haus leben wird, ob Kinder zusammen mit dem Hund aufwachsen und ob eine Katze oder noch andere Hunde im Haushalt leben.

Diese Züchterin legt mit offensichtlicher Freude den Grundstein für ein vertrauensvolles Miteinander.

Tipps zur Wahl des Züchters

Ein guter Züchter

- zieht nicht mehrere Würfe gleichzeitig auf,
- hält die Welpen nicht ausschließlich im Zwinger, sondern integriert sie in die Familie,
- gibt Auskunft zu seinen Tieren und deren Gesundheitszustand,
- ist offen für Ihre Fragen,
- ist aber auch kritisch bei der Wahl des neuen Besitzers und stellt Ihnen ebenso viele Fragen, die auch Sie ihm beantworten sollten.

Die wichtigsten Fragen an den Züchter

Fragen Sie

- nach welchen Kriterien Zuchtrüde und -hündin ausgewählt wurden,
- wie alt die Mutterhündin ist. Sie sollte über zwei und nicht älter als sieben oder acht Jahre alt sein;
- wie oft die Hündin schon Welpen hatte. Es sollten nicht mehr als ein Wurf pro Jahr und maximal fünf Würfe in ihrem Leben sein;
- ob und in welcher Weise der Züchter mit seinen Hunden arbeitet (Prüfungen),
- ob die Welpen medizinisch versorgt, geimpft, entwurmt und gechipt abgegeben werden,
- ob sich der Aufzuchtsbereich in unmittelbarer Nähe des Wohnbereichs befindet,
- ob die Welpen mit Geräuschen und weiteren Umweltbedingungen wie zum Beispiel Autofahren vertraut gemacht werden, um ihre Sinne zu schulen,
- ob die Welpen eine erzieherische Vorprägung erhalten und welche.

Beim Züchter

Sehen Sie sich

- die Umgebung wie Hundelager und Auslauf der Welpen an, achten Sie dabei auf den Hygienestandard,
- die Welpen genauer an. Sie sollten gesund aussehen und munter sein;
- die Althunde des Züchters an. Sie sollten nicht ängstlich oder aggressiv sein, sondern unbefangen, zutraulich, freundlich und kontaktfreudig.

Voller Harmonie signalisieren diese Welpen, dass es ihnen an nichts fehlt.

Muss der Hund häufiger allein und ab und zu im Zwinger sein? Ist ein Revier vorhanden? Für welche Jagdart soll er eingesetzt werden, eher für die Stöber-, die Bau-, die Niederwildjagd oder ausschließlich zur Nachsuche? Der Züchter kann mit diesen Informationen die Welpen bestmöglich auf Ihre familiären und jagdlichen Belange vorprägen.

Hinsichtlich Zwingerhaltung möchten wir betonen, dass wir eine reine Zwingerhaltung ablehnen, denn ein Hund sollte immer ein voll integrierter Sozialpartner der Familie sein. Das muss jedoch nicht ausschließen, dass er sich ab und zu für einen gewissen Zeitraum im Garten in einem Hundehaus mit eingezäuntem Auslauf aufhalten soll.

Vor und bei der Geburt

Viel Zeit, Engagement und nicht zuetzt Liebe zum Hund sind nötig, um eine intensive Betreuung und exzellente Prägung des Wurfes zu gewährleisten. Für Sie als zukünftigen Hundeführer ist es spannend, Einblick in die ersten acht bis zehn Lebenswochen eines Hundewelpen zu gewinnen und so den erfahrenen Züchter bei der Prägung seiner Welpen zu begleiten.

In den ersten Kapiteln unseres Buches schildern wir Ihnen, was der Züchter bereits alles machen kann. Er legt in dieser Phase des Gehirnwachstums die Basis fürs spätere Leben, auf der Sie dann aufbauen. Sollte Ihr Züchter das eine oder andere nicht vorbereitet haben, ist immer noch ausreichend Zeit für Sie, die einzelnen Schritte bis zum Zahnwechsel Ihres Hundes in ähnlicher Reihenfolge nachzuarbeiten.

Ruhe und Ausgeglichenheit sind gute Voraussetzungen für einen optimalen Start ins Leben.

Jetzt geht es los

Die Hündin wurde erfolgreich belegt, die Weichen für den Wurf sind gestellt. Jetzt ist der Züchter in der Verantwortung, die optimale Ausgangsposition für seine Hündin und deren zu erwartende Welpen zu schaffen. Die werdende Mutter wird beispielsweise ausreichend bewegt, denn je besser sie trainiert ist, desto leichter wird ihr das Wölfen fallen und umso weniger Stress haben die Welpen bei der Geburt. Die gewohnten Spazier- und Reviergänge mit ihr stehen also weiter auf der Tagesordnung. Zwischendurch, je nach Fortgeschrittenheit der Trächtigkeit, werden notwendige Pausen eingelegt.

Für die Arbeit vor und nach dem Schuss kommt die Hündin – spätestens bei deutlicher Rundung des Bauches – nicht mehr zum Einsatz. Jegliche Aufregung, egal ob positiv oder negativ, wird vom Züchter vermieden.

Stressfreie Trächtigkeit

Hat die Hündin wenig Stress, wirkt sich das bereits positiv auf die ungeborenen Welpen aus. Feten sind in der Gebärmutter nicht gänzlich von der Außenwelt abgeschlossen. Durch Ultraschall-Untersuchungen konnten Reaktionen der Embryonen auf Tast- und Berührungsreize beim Muttertier bestätigt werden. Stressbelastungen der trächtigen Mutter können sich auf die Welpen auswirken und zu Fehlgeburten, Verzögerungen des Wachstums in der Gebärmutter, Defiziten im Immunsystem oder sogar zu verminderter Lernfähigkeit führen. Deshalb sind Ruhe, Harmonie in der Familie, viel Streicheleinheiten und Körperkontakt, beispielsweise durch sanftes Massieren der Hündin, ein optimales Umfeld, das sich schlussendlich auch bei den Welpen positiv bemerkbar machen wird.

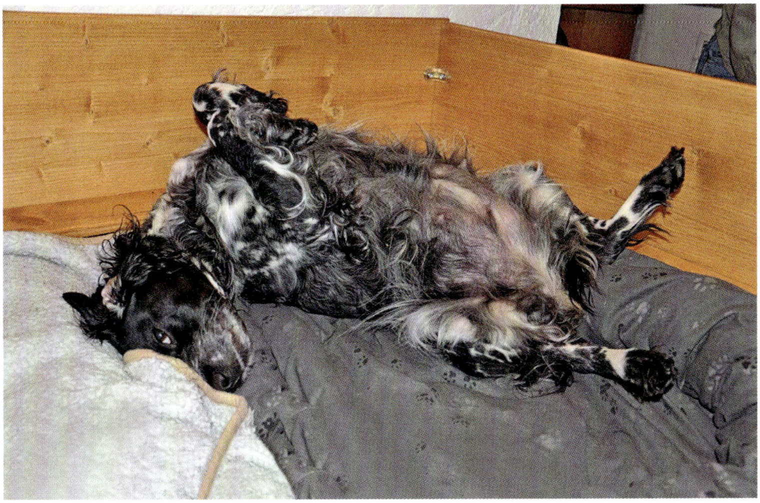

Die geräumige Wurfkiste soll an einem Platz stehen, an dem sich die Hündin wohlfühlt und Familienanschluss hat.

Rundum gesund

Fit starten

Die Hündin muss vor, während und nach der Trächtigkeit fit sein, damit die Welpen ohne Versorgungsengpässe aufwachsen können. Von einer Impfung während der Trächtigkeit raten wir ab, denn Impfstress und eventuelle Impfreaktionen bei der Hündin könnten sich später bei den Welpen negativ bemerkbar machen. Die Hündin wird daher bereits zirka vier Wochen vor dem Belegen geimpft, auch wenn die Jahresfrist zur fälligen Impfung noch nicht erreicht wurde. Die Hündin gibt an ihre Welpen weit mehr Antikörper weiter, wenn der Impftermin dicht an der Belegung liegt.

Wurmbefall vorbeugen

Direkt vor dem Deckakt wird die Hündin entwurmt. Da die Wurmlarven erst bei einem bestimmten Hormonniveau der Hündin zu wachsen beginnen, wird nach dem 40. Tag noch einmal mit einem für die Trächtigkeit zugelassenen Wurmmittel entwurmt. Trotz dieser Vorsorgemaßnahme müssen die Welpen später mehrmals entwurmt werden.

Wichtig

Die Lage des einzelnen Fetus im Uterushorn kann bereits eine Aussage für spätere Verhaltensbereitschaften geben. Es besteht also ein Unterschied, ob drei Hündinnen hintereinander liegen, oder eine Hündin zwischen zwei Rüden. Die von männlichen und weiblichen Feten abgesonderten Sexualhormone können die benachbarten Feten maskulinisieren bzw. feminisieren, was sich unter anderem auf die spätere Aggressionsbereitschaft auswirken kann. (WEHREND)

Welpenentwicklung: Pränatale Phase

Die vorgeburtliche Entwicklungsphase des Hundes bezeichnet man als Pränatale Phase. Die Welpen entwickeln sich sehr schnell. Bereits in der dritten Woche kann man erste Anlagen des Kopfes, des Körpers und der Gliedmaßen erkennen. Die Verkalkung des Skeletts beginnt ab zirka der siebten Trächtigkeitswoche.

Gesundheitsfürsorge für die Hündin

- Stress vermeiden
- Fitness der Hündin optimieren
- Auf die Trächtigkeit abgestimmte Fütterung
- Intensive Betreuung auch nach der Geburt

Maßvoll füttern

Die Fütterung der Hündin mit nahrhaftem und hochwertigem Futter hat einen entscheidenden Einfluss darauf, wie sich die Welpen im Mutterleib entwickeln und wie sie versorgt sind. Mit Beginn der fünften Trächtigkeitswoche bekommt die Hündin eiweißreicheres Futter. Die verabreichten Proteine müssen dabei eine hohe Verwertbarkeit haben.

Je weiter die Trächtigkeit fortschreitet, desto stärker dehnt sich die Gebärmutter aus und engt dabei den Magen ein. Deshalb lieber mehrmals täglich kleinere Portionen füttern und darauf achten, dass die Hündin schlank bleibt, je näher der Geburtstermin rückt. Jedes Gramm zu viel belastet nur den ohnehin ausgefüllten Bauchraum.

Gesunde Hündin – gesunde Welpen

Die Mutterhündin braucht in den ersten Wochen nach der Geburt eine intensive Gesundheitsfürsorge. Denn eine gesunde Hündin gibt die Immunstärke durch eine gehaltvolle Milch an ihre Welpen weiter. Mit

Die fünf Großer-Münsterländer-Welpen strotzen dank ihrer vitalen Mutterhündin vor Kraft und Tatendrang.

der Homöopathie bieten sich viele Möglichkeiten, die Hündin von der Trächtigkeit bis hin zur Genesung und Erholung nach dem Wölfen zu unterstützen. Hierzu gibt es gute Fachliteratur.

Das Wölfen

Die Hündin hat Wehen. Abhängig von ihrem Alter, ihrer Kondition, Konstitution, der bisher gesammelten Wölferfahrung und der Anzahl der Welpen kann sich der Geburtsvorgang über einen Zeitraum von sechs bis 18 Stunden oder mehr erstrecken. Normalerweise werden die Welpen in einem Abstand von zehn bis 30 Minuten gewölft.

Ist der Welpe auf der Welt, werden Fruchthülle, Nachgeburt und Fruchtwasser von der Hündin aufgefressen und der Welpe mit der rauen Zunge eifrig geleckt, um seinen Kreislauf anzuregen. Dabei werden besonders dessen Bauch und Geschlechtsteile massiert. Das regt Darm und Blase des Welpen an. Die Folge: Das Darmpech (schwarzer Kot, der sich beim Fetus im Mutterleib angesammelt hat) wird ausgeschieden.

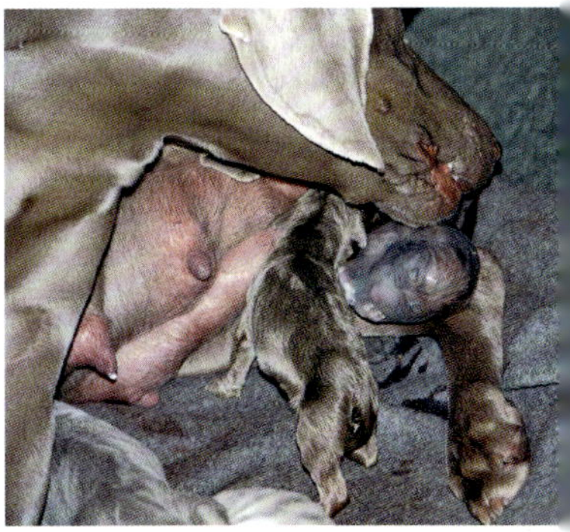

Wölfen – ein großes Ereignis für Mensch und Hund

Helfen und Protokoll führen

Es gibt Hündinnen, oft erstmalig wölfende, die eine ungeplatzte Fruchthülle nicht sofort zerbeißen, weil sie mit dem noch in der Blase liegenden Welpen erst einmal nichts anfangen können. Hier ist der Züchter als Geburtshelfer gefragt. Vorsichtig öffnet er die dünne Haut der Fruchthülle und trennt dann die Nabelschnur ab. Lässt man die Hündin zusehen, wird sie sicher mithelfen und so beim nächsten Welpen wissen, wie es geht. Dann befreit man den Fang des Neugeborenen vom Schleim, damit er gut Luft holen kann. Den Rest wie zum Beispiel das Trockenlecken sollte die Hündin erledigen.

Uhrzeit des Wölfens und Geschlecht werden bei jedem einzelnen Welpen sofort in einem Geburtsprotokoll notiert. Viele Züchter haben heute schon eine Internetseite, auf der neben den Bildern der Welpen auch alle weiteren wichtigen Ereignisse vom zukünftigen Besitzer gespannt mitverfolgt werden können.

Wichtig

Hat die Hündin länger anhaltende Wehen, hechelt sie, ist kurzatmig, wirkt angestrengt und erscheint auch nach einiger Zeit noch immer kein weiterer Welpe, obwohl anzunehmen ist, dass noch welche kommen müssten, dann ist es höchste Zeit, den Tierarzt anzurufen. Lieber ein überhasteter Anruf als das Leben der Hündin und der ungeborenen Welpen aufs Spiel zu setzen!

Bitte nicht stören!

Bei der Geburt ist es für Mutter und Welpen sehr wichtig, dass Störungen jeglicher Art vermieden werden. Fremde Menschen, unbekannte Geräusche oder kleine Kinder sollten nicht mit dabei sein, denn die meisten Hündinnen sind in der Geburtsphase sehr empfindlich und können aufgrund von Stress sogar die Geburt unterbrechen.

Der Züchter ist jetzt die wichtigste Vertrauensperson für die Hündin. Er steht ihr mit viel Ruhe und Gelassenheit zur Seite, vermeidet jede Hektik und bleibt möglichst ohne Unterbrechung bei ihr, bis der letzte Welpe auf die Welt gekommen ist. Anschließend sorgt er dafür, dass Hündin und Welpen Ruhe finden.

Wichtig

In den ersten Lebensstunden gibt die Hündin an die Welpen die sogenannte Kolostralmilch ab. Diese dient dem Immunschutz und enthält wichtige Antikörper gegen Krankheiten.

Die Welpen sind da

Der erste Kontakt

Gesundheits-Check und Wiegen

Nachdem sich Hündin und Welpen einige Stunden von den Strapazen der Geburt erholt haben, können die Neugeborenen vorsichtig und behutsam nacheinander gewogen werden.

Dabei wird jeder Welpe sanft mit der Bauchunterseite auf die Handfläche gebettet und vorsichtig auf die Waage gelegt. Mit dem sauberen Zeigefinger geht man durch das Mäulchen, um es auf Anomalien (Spaltrachen) zu prüfen. Köpfchen, Augenlider, Ohren, Schädeldecke, auch Vorder- und Hinterpfötchen werden ebenfalls genau und vorsichtig untersucht. Sanft streichelt man die Bauchdecke entlang, kontrolliert den Bauchnabel, das Geschlecht und prüft die Rute. Gibt es irgendwelche Auffälligkeiten, wird sofort der Tierarzt benachrichtigt. Dabei geht es aber nicht allein um den Gesundheits-Check. Das geschilderte Prozedere stellt auch den ersten engen Kontakt des Welpen zum Menschen dar. Alle Umwelteinflüsse, Stimulationen mit Geräuschen und Lichtimpulsen sowie auch das Anfassen, Streicheln oder Hochheben wirken sich positiv auf die Gehirnentwicklung des Welpen und langfristig gesehen auf dessen Verhaltensentwicklung aus. Welpen werden durch diese Einflüsse weniger stressempfindlich und weniger ängstlich, zeigen sich erkundungsfreudiger und sind selbstbewusster im Umgang mit Artgenossen oder Artfremden. (Wehrend)

1 Kaum auf der Welt, wird das Neugeborene zum Spielball seines Umfeldes.

2 Bereits der erste direkte Kontakt mit dem Menschen prägt den Welpen.

Gewichtsentwicklung und Kontrolle

Das Geburtsgewicht liegt normalerweise, je nach Konstitution und Rasse, zwischen 100 und zirka 600 Gramm. Kurz nach dem Werfen kann ein Gewichtsverlust bei den Welpen auftreten. Nach rund zehn Tagen haben sie ihr Geburtsgewicht verdoppelt. In zirka 20 Tagen sollte das Gewicht das Fünf- bis Sechsfache des Geburtsgewichts erreicht haben. Solange die Welpen sich nur von Muttermilch ernähren, ist es empfehlenswert, sie täglich zu wiegen und über ihr Gewicht Buch zu führen.

Jedes Gramm zählt und wird vom Züchter genau notiert.

Wiegen fördert die Nähe zum Menschen

Das täglich notwendige Wiege-Ritual hat neben der Kontrolle einer normalen Welpenentwicklung auch noch einen weiteren, nicht zu unterschätzenden Nebeneffekt: Der Züchter widmet sich jedem Welpen speziell, der Kontakt zum Einzelnen wird von Mal zu Mal verlängert, er wird auf den Arm genommen und sanft gekrault. Die jungen Hunde nehmen den Geruch wahr und empfinden die Wärme und Nähe des Menschen. Diese Einflüsse prägen sich dem Welpen als positive Erfahrungen mit der „Spezies Mensch“ ein.

Wichtig

Prüfen Sie immer wieder, ob die Temperatur des Wurflagers passt. Liegen die Welpen ständig einzeln und weit voneinander entfernt, ist die Umgebungstemperatur zu warm, liegen sie ständig dicht aufeinandergedrängt, ist es eventuell zu kalt. Beides ist unbedingt zu vermeiden.

Wärme und Geborgenheit

Die Welpen benötigen einen warmen, eng umgrenzten Raum, weil dieser ihnen neben der nötigen Wärme auch Geborgenheit bietet. Die Hündin liegt in den ersten Tagen nach der Geburt meistens in Seitenlage in der Wurfkiste. Mit ihren Läufen und ihrer Gesäugeleiste bildet sie einen Halbkreis, das funktionelle U, in dem die Welpen gut behütet und warm ruhen. Durch das Lecken im Genitalbereich der Welpen stimuliert sie die Abgabe von Kot und Urin. Sie nimmt die Ausscheidungen auf und hält so den Wurfplatz sauber.

In diesem sogenannten „Funktionellen U“ fühlen sich die Welpen wohl behütet.

Viele Hündinnen sind froh, wenn ihnen gelegentlich eine Auszeit von ihren Welpen ermöglicht wird.

Abwesenheit der Hündin fördern Gruppengefühl

In der zweiten Woche motiviert der Züchter seine Hündin tagsüber, nachdem sie die Welpen gesäugt hat, sich eine kurze Auszeit von ihrem Nachwuchs zu nehmen, eine Runde im Garten zu drehen, sich zu lösen, Kraft zu schöpfen und zu fressen.

Wenn sich die Mutter dem Wurf für kurze Zeit entzieht, kommt es vor, dass die Welpen unruhig werden. Sie quietschen und beginnen, nach Wärme zu suchen. Schnell wissen sie sich zu helfen – sie robben an- und aufeinander und bauen – ähnlich wie die Frischlinge, wenn die Bache ihren Kessel verlässt – Wärmepyramiden. Der Kontakt untereinander wird intensiver und fördert das Gruppengefühl.

Wichtig

Die Umgebungstemperatur der Hundewelpen muss in der ersten Lebenswoche etwa 30 °C bis 32 °C betragen. In der Fachliteratur sind die Angaben für die weiteren Wochen unterschiedlich angegeben. In der zweiten Woche zwischen 24 °C bis 28 °C, in der dritten Woche mit 20 °C bis 27°C und in der vierten mit 20 °C bis 24 °C.

Nähe suchen ist positiv

Arbeitet der Züchter hier mit einer Heizdecke oder Wärmelampen, also künstlichen Wärmequellen, wird hier ein wichtiger sozialer Lernprozess unterbunden, nämlich das Suchen nach der Wärme, nach Geborgenheit bei der Mutter oder den Geschwistern. Der „fremderwärmte“

Rotlichtlampe – nein danke

Ständig eine Rotlichtlampe als Wärmequelle über die Wurfkiste zu hängen, ist aus mehreren Gründen nicht sinnvoll. Oft wird der Abstand „Lampe zu Welpen“ falsch eingeschätzt. Auch eine zu rasche Erwärmung des Welpen kann dessen Stoffwechsel stark belasten oder die Welpen können in der von oben kommenden Wärme austrocknen. Manchmal verlässt die Hündin viel zu früh oder zu oft die Wurfkiste, weil es ihr zu warm wird. Der falsche Abstand „Lampe zu Welpen“ kann sogar zu schweren Augenverletzungen bis hin zur Blindheit führen.

Instinktiv suchen die Bayerischer-Gebirgsschweißhund-Welpen die Nähe zu den Wurfgeschwistern.

Welpe wird unter Umständen den Körperkontakt zu den Geschwistern nicht mehr suchen. Kontaktliegen und Kreiskriechen finden so im Lernprozess nicht statt. Das kann später Auswirkungen darauf haben, inwieweit der Hund die Nähe zu seinem Sozialpartner, also zu seinem Hundeführer oder dessen Familie, sucht oder gar zulässt.
Nur wenn die Welpen nah zusammenkriechen, lässt sich die Wärme steigern: Das bedeutet für die Neugeborenen, dass sie sich durch instinktives Kreiskriechen finden und aneinanderschmiegen müssen. Ein wichtiger innerer Antrieb: „Wenn ich Wärme will, muss ich etwas dafür tun!" Kreiskriechen findet auch statt, um die Futterquelle (Zitze) zu finden – das ist wichtig für späteres Bögeln bei der Spurensuche.

Sind die Wurfgeschwister nicht in der Nähe, wird der Mensch zum willkommenen Ersatz.

Prägen auf den Sozialpartner Mensch

Ungefähr ab dem zehnten Lebenstag kann man die ersten Veränderungen an den Ohröffnungen der Welpen feststellen. Gerade in dieser Zeit ist es wichtig, dass rund um das Wurfzimmer besonders ruhige Atmosphäre herrscht. Sanftes und leises Sprechen ohne Hektik und Stress erzeugen neben dem täglichen Körperkontakt eine optimale erste positive Prägung der Kleinen auf den Sozialpartner Mensch.

Auch die Augenlider beginnen jetzt, sich langsam zu öffnen. Es ist ein besonderer und unvergesslicher Moment für jeden Züchter, wenn diese kleinen Geschöpfe mit ihren Menschen das erste Mal Blickkontakt aufnehmen und auf die menschliche Stimme reagieren.

Von jetzt an verbringt der Züchter immer mehr Zeit mit den Welpen. Er sitzt bei ihnen in der Wurfkiste, lässt die Kleinen auf sich herumkrabbeln, nimmt immer wieder den einen oder anderen auf den Arm, kuschelt ausgiebig mit jedem und prägt so die Welpen auf den Sozialpartner Mensch. Die körperliche Nähe bewirkt zukünftig eine bessere Bindungsfähigkeit an den Menschen.

Rute kupieren?

Bei vielen Hunderassen in Jägerhand werden heute leider immer noch die Ruten der Welpen kupiert. Dies geschieht in den ersten Tagen nach deren Geburt.
Bei Wirbeltieren wie dem Hund ist die Rute (der Schwanz) das mit Muskeln, Sehnen, Haut und Fell bekleidete hintere Ende der Wirbelsäule. So hat die unkupierte Rute eine wichtige Steuerungs- und Balancefunktion für den Hund. Besonders gut kann man diesen Umstand beim Sprung, bei schnellen Wendungen im Feld, und auch bei der Wasserarbeit beobachten. Zudem nimmt man mit dem Kupieren der Rute dem Hund – nach unserer Erfahrung – ein wichtiges innerartliches Verständigungsmittel. Kupierte Hunde zeigen oft Abwehrreaktionen beim Berühren der Rute, und wer weiß: Vielleicht können Hunde wie wir Menschen einen Phantomschmerz fühlen? Zumindest bleiben nach dem Kupieren oft druckempfindliche Narben zurück, was mit ein Grund dafür sein kann, dass sich viele kupierte Hunde beim Apportieren vor dem Ausgeben nur ungern setzen.

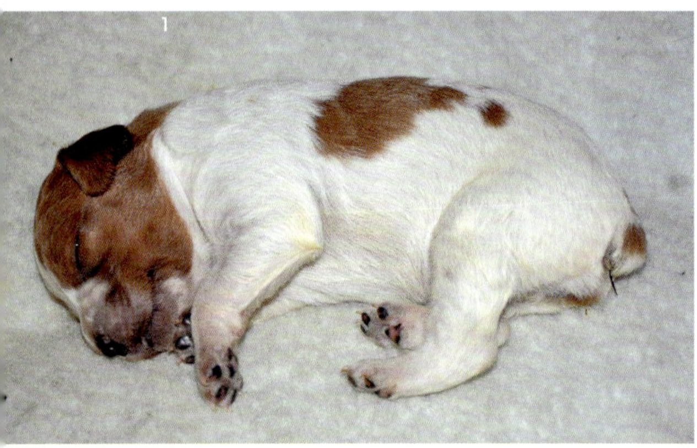

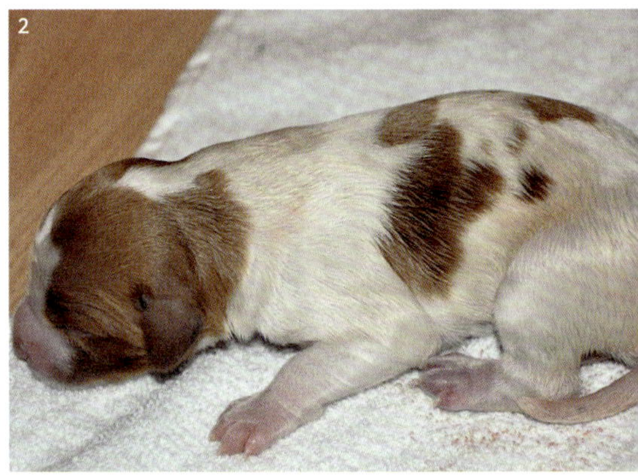

1 Ein durch Amputation verstümmelter Welpe ...

2 ... und ein an den Gliedmaßen intakter Welpe

Kupieren – nein danke!

Als erfahrene Jäger, Foxterrier- und Weimaraner-Liebhaber setzen wir uns deshalb seit Jahren vehement dafür ein, dass das Kupieren von Hunden – auch in Jägerhand – so schnell wie möglich der Vergangenheit angehört. Die Argumente, die aus Jägerkreisen für das Kupieren ins Feld geführt werden, wie zum Beispiel eine generell große Verletzungsgefahr der unkupierten Rute im Jagdbetrieb, können wir durch eigene, vergleichende Studien nicht bestätigen.

Ob das Kupieren von Hunden in der Jagdhundezucht ein Ende findet, wird letzten Endes über den Markt geregelt. Finden kupierte Hunde keine Abnehmer mehr, wird es die Unsitte des Kupierens schon bald nicht mehr geben.

Welpenentwicklung: Neonatale Phase

Der Lebensabschnitt von der Geburt bis zum Öffnen der Augen und Gehörgänge mit etwa zehn bis 16 Tagen wird als Neonatale Phase bezeichnet. Die einzelnen Organe sind bei der Geburt noch nicht vollständig ausgebildet, Augenlider und Gehörgänge sind geschlossen. Der Welpe kann weder seine eigene Wärme regulieren noch selbstständig Kot und Urin absetzen. Hundewelpen werden also hilflos, gewissermaßen als „Nesthocker" geboren und bedürfen zur Weiterentwicklung vor allem in den ersten zwei Lebenswochen einer intensiven Betreuung durch die Mutterhündin. Die Welpen nehmen hauptsächlich Milch auf und schlafen rund 90 Prozent des Tages.
Das Neugeborene kann seine Körpertemperatur noch nicht selbst regulieren, es kann jedoch Wärme empfinden. So bleibt es eng bei der Hündin und seinen Geschwistern. Dieses Wärmeempfinden hilft ihm, die Zitze zu finden.
Die Lernfähigkeiten des Welpen ist noch gering. Meideverhalten wird nicht gezeigt, jedoch können negative Reize der Umwelt Stressanzeichen beim Welpen erzeugen. Er durchläuft viele Veränderungen im Stoffwechselhaushalt. Neben endogenen (innerlichen) Veränderungen spielen auch exogene (äußerliche) Umweltreize bereits eine Rolle für seine weitere Entwicklung.

Entwicklung des Nervensystems

Der Welpe ist bei der Geburt neurologisch unreif. Erst danach kommt es zur Weiterentwicklung und Reifung des Nervensystems. Im Allgemeinen wird davon ausgegangen, dass der Welpe am Ende der vierten Lebenswoche über seine volle Motorik verfügt und damit die Fähigkeit besitzt, sich Neuem zuzuwenden.
Die Augen öffnen sich zwischen dem zehnten und 16. Lebenstag, ein erstes gerichtetes Sehen beginnt zwischen der dritten und vierten Lebenswoche. Geräusche können Welpen schon um den dritten Lebenstag wahrnehmen, das funktionelle Hören setzt ab der dritten Lebenswoche ein. (WEHREND)
Fortbewegen kann sich der Neugeborene schon von Geburt an. Anfangs gelingt ihm nur das Kopfpendeln und ein mühsames Vorwärtsrobben. Nach einigen Tagen kann er den Kopf in Position bringen und langsam die Vorderbeine aufstellen, während er das Hinterteil noch immer nachzieht. Nach einiger Zeit stellt er dann die Hinterbeine auf und beginnt zu laufen, wenn anfangs auch noch wackelig.

Wichtige Prägungsschritte bis Ende 2. Woche

▶ **Ruhe während und nach der Geburt**
- Optimale Umgebungstemperatur
- Ruhiges und sauberes Umfeld

▶ **Erste Prägung auf den Sozialpartner Mensch**
- Tägliches Wiegen
- Sanfte Berührungen
- Zeit, die der Mensch mit den Welpen verbringt

▶ **Kontakt zu den Wurfgeschwistern**
- Kontaktliegen und Kreiskriechen

Augen und Ohren auf – erste Signale setzen

Die dritte Lebenswoche

Erste Signale und Geräusche

Die Welpen machen in dieser Übergangsphase einen großen Entwicklungsschub. Wenn sich Augen und Ohren ganz öffnen, werden sozusagen die „Antennen" ausgefahren, und die Welpen beginnen, die Welt um sich herum zu entdecken – Tag für Tag ein bisschen mehr. Jetzt fängt der Züchter an, behutsam die ersten akustischen Signale anzulegen, die für ein späteres „Komm" oder ein „Sich-Lösen" stehen.

Der Züchter gibt nun speziellen Lauten eine erste Bedeutung. Da die Hündin nicht mehr permanent bei den Welpen in der Wurfkiste liegt und die Welpen sich keine Gelegenheit zum Sich-satt-Trinken entgehen lassen, wird das gleich genutzt.

Leises Pfeifen und „Honolulu"

Sobald die Hündin nach einer längeren Pause zu ihrer hungrigen Meute zurückkehrt, stürmen die Welpen auf sie zu und suchen gierig nach den Zitzen. Das nutzt der Züchter, indem er pfeift, mit der Zunge schnalzt oder das Fichtlmeiersche „Honolulu" (s. Kasten S. 22) ertönen lässt, bis alle Welpen die Zitzen gefunden haben und zu trinken

Das Stürmen der Milchbar belegt der Züchter frühzeitig mit einem freudigen „Honolulu".

Warum Zunge-Schnalzen oder „Honolulu"?

Das Zunge-Schnalzen wird von uns als ein spezielles Aufmerksamkeitssignal für den Hund benutzt, damit er Blickkontakt aufnimmt. Erst dann folgt die weitere Handlung. Da es nur neutral, also weder freudig noch aggressiv artikuliert werden kann, ist es ein optimales akustisches Signal.
Das Fichtlmeiersche „Honolulu", das denselben Zweck erfüllen kann, wird in einem hohen, glucksenden und sehr freundlichen Ton „geflötet". So gut wie jeder Hund nähert sich auf das „Honolulu" sofort freudig und interessiert. Im Gegensatz zum „Hierher" fällt es uns schwer, in eine unfreundliche Modulation von „Honolulu" zu verfallen, wenn der Hund uns später einmal ignoriert.

beginnen. Beim Pfeifen wird natürlich kein Schlager oder Kinderlied gezwitschert, sondern versucht, möglichst die Tonlage zu treffen, mit der später die Hunde herangelockt werden sollen.

Damit verknüpfen die Jungen: Wo gepfiffen oder leise zum Beispiel „Honolulu" gerufen wird, gibt es was zu futtern. So legt der Züchter den ersten Grundstein fürs spätere freudige Hören auf Pfiff oder einen Ruf wie eben „Honolulu".

In diesem Alter nehmen die Welpen Geräusche aus dem Umfeld noch unbekümmert wahr.

Geräusche drinnen und draußen

Viele Geräusche strömen auf einen Welpen ein, wenn er die Ruheoase der Wurfkiste verlässt und mit dem menschlichen Alltag konfrontiert wird. Es wäre aber falsch, Welpen in einer geräuscharmen Umgebung aufwachsen zu lassen, denn dann können sie später als erwachsene Hunde zu Geräuschunsicherheit neigen. Deshalb ist es wichtig, dass die Welpen darauf eingestellt werden, mit normalen Umgebungsgeräuschen zu leben und sich davon nicht weiter stören zu lassen. So gewöhnen sie sich früh daran, dass drinnen im Haus die Kinder toben, in der Küche mit Töpfen hantiert wird oder draußen die Autos vorbeifahren, der Nachbar den Rasenmäher anwirft oder johlende Kinder auf ihren Rädern umhersausen.

Der Lärmpegel und auch die Intensität von Geräuschen, die der Welpe als normale Umweltgegebenheit aushalten lernen sollte, werden schrittweise auf einen normalen Standard angehoben. Doch Achtung: Nicht jeder Welpe kommt mit Umgebungsgeräuschen gleich gut zurecht, es gilt deshalb, ein gesundes Mittelmaß zu finden.

Stubenreinheit

Wenn die Zitzen leer getrunken und die Bäuche voll sind, kommen die Welpen, so oft es geht, nach draußen an die frische Luft, damit sie lernen, das Lager nach den Mahlzeiten für kurze Zeit zu verlassen, um ihr Geschäft zu verrichten. Nachdem die Jungen vorsichtig ins Gras gesetzt wurden, fiepen sie anfangs natürlich und sind aufgeregt. Trotzdem: Alle Welpen kommen an die Luft, und mit Sicherheit werden sie nach dem Milchtrinken schnell ihr Geschäftchen erledigen. Nach einigen Tagen beginnen die Racker „mitzudenken“ und zeigen im optimalen Fall durch ihr unruhiges Verhalten wie Fiepen oder Kratzen an den Wurfkistenwänden an, wann sie rausmüssen.

Der Untergrund macht's aus

Es ist nicht nur für den Züchter, sondern auch für Sie als den zukünftigen Hundebesitzer entscheidend, dass sich der Untergrund, auf dem sich der Welpe löst, von dem des Liegeplatzes deutlich unterscheidet. Im optimalen Fall ist dieser Untergrund Gras. Weitere geeignete Substrate sind Erde, Sand, Heu, Rindenmulch oder gehäckseltes Stroh. Da die Mutter die Ausscheidungen der Welpen nicht mehr „entsorgt“, müssen die Welpen mit der Zeit lernen, das eigene Nest nicht zu verunreinigen. Das Geschäft wird nicht in einer menschlichen Behausung, sondern draußen im Garten auf Rasen oder Erde verrichtet. Ist dieser Grundstein einmal gelegt, sollte der Züchter die Welpen nach jeder Fütterung ins Freie bringen. Natürlich bedeutet das ständige Abpassen der Welpen nach dem Stürmen der Milchbar einen großen Zeiteinsatz. Doch der wird belohnt, da es so früh gelingt, die Welpen an das Sich-Lösen auf natürlichem Untergrund zu prägen. Einer Fehlprägung auf das Sich-lösen in der Wurfkiste und im Haus wird dadurch effektiv entgegengewirkt.

Wichtig

Ein fehlgeprägter Welpe wird beim neuen Hundehalter meist nur durch größere Anstrengung stubenrein, denn er wird bevorzugt das Löseverhalten zeigen, das er in den ersten Wochen seines Lebens kennengelernt hat.

Keine Frage, so ist es richtig: Gelöst wird sich ausschließlich draußen.

Ein „Zaubersatz" fürs Nässen im Freien

Damit bei einem Welpen positiv und prägend verstärkt wird, was er draußen erledigen soll, und um das auch später jederzeit abrufen zu können, wird das Lösen mit einer speziellen, freundlich positiven Wortfolge belegt. Was der Einzelne dafür genau verwenden möchte, bleibt ihm selbst überlassen. Es ist egal, ob man sagt „Mach Bächlein!", „Geh Gassi!" oder, wie ein befreundeter Züchter, „Puuuh!" Wichtig ist, dass der Welpe es mit dem Häufchen oder Nässen verknüpft. Irgendwann erledigt er es wie selbstverständlich, wenn er denn muss und man den „Zaubersatz" spricht. Dieser „Zaubersatz" ermöglicht es zudem, die Welpen schon im Freien auf bestimmte Untergründe zu prägen. Hat der Hund früh schon verknüpft, dass er sich auf Gras und Erde lösen soll, wird er das später auf Gehsteigen, in Fußgängerzonen oder auf Schotterwegen nicht mehr tun, sondern eine Grünfläche suchen.

Wichtig

Zeitungspapier als Untergrund ist nicht zu empfehlen. Es saugt die Flüssigkeit schlecht auf, die Druckerfarbe löst sich, und der Geruch des Papiers wird schnell unangenehm und intensiv. Besser wären Moltontücher.

Stubenrein auch in der Stube

Immer wieder gibt es auch mal schlechtes Wetter, bei dem der Nachwuchs viel Zeit im Haus verbringen muss, oder Zeiten, in denen man die Welpen nicht ständig im Auge behalten kann. Damit man trotzdem eine optimale Basis für die Prägung auf Stubenreinheit schafft, empfiehlt es sich, als Ausweichtoilette eine flache Plastikschale oder einen flachen, festen Karton zu nehmen, in den eine Grassode, Erde oder gehäckseltes Stroh kommt. Diese künstliche Gartenanlage wird vor der Wurfkiste platziert.

Der Aufwand lohnt sich auf jeden Fall, denn die Welpen werden weiter dazu angeregt, sich nicht in der Wurfkiste, sondern auf der Grassode zu lösen. Dies passiert zwar unter dem Dach des Menschen, aber zumindest auf natürlichem Untergrund und nicht auf Teppich, Fliesen oder Holzboden.

In Abhängigkeit von der Welpenanzahl ist es ratsam, das Material der künstlichen Gartenanlage jeden Tag zu erneuern. Solange die Welpen noch Muttermilch bekommen, sind die großen Geschäfte überschaubar und der Kot leicht zu entfernen.

Gerüche der Hundefamilie

Der Züchter nutzt den Umstand, dass die Welpen anfangen, sich nicht mehr in der Wurfkiste zu lösen, und legt eine Decke oder ein T-Shirt hinein. Decke oder T-Shirt werden dazu einfach zusammengerollt und in der Wurfkiste an die Seite gelegt, damit die Welpen sie nicht auseinanderpflücken. Der Stoff nimmt im Laufe der nächsten Wochen intensiv den Hundefamilienduft auf. Später werden Decke oder T-Shirt in mehrere Teile zerschnitten und je eines davon dem neuen Welpenbesitzer mitgegeben. Durch den so mitgenommenen Hundefamilienduft fühlen sich die Welpen schneller heimisch.

Jetzt geht es raus

Weil die Welpen langsam immer mehr Raum für Aktivitäten brauchen, wird die Wurfkiste einfach mit einem Laufgitter oder mit Holzwänden vergrößert. Dadurch schafft man einen Bereich als kuscheligen „Schlafraum", einen als Löse-Platz und einen zum spielerischen Herumtollen. Dort liegen sowieso schon die ersten Gegenstände (keine Wildteile) zum Herumtragen oder Hineinbeißen für die Welpen parat.

So könnte der erste Abenteuerspielplatz im Haus aussehen.

Bei schönem Wetter vor die Tür

Sofern das Wetter mitspielt, können die Welpen tagsüber in einen abgesteckten Auslauf nach draußen umquartiert werden. Die Aktivität der Jungspunde nimmt täglich zu und in diesem zusätzlichen Terrain haben sie viel mehr Möglichkeiten, auf Entdeckungstour zu gehen. Damit es zu keinen Vergiftungen kommt, muss vor dem Abstecken des Welpen-Geheges unbedingt darauf geachtet werden, dass es in dem neuen Hunde-Revier keine für die Rasselbande schädlichen Pflanzen gibt. Infos dazu, welche Pflanzen giftig sind, und was gerade für Welpen besonders gefährlich ist, finden Sie im Internet unter www.vetpharm.unizh.ch oder in entsprechenden Fachbüchern. Der Züchter sollte dafür sorgen, dass genügend Schattenplätze vorhanden sind und der Weg zu einem Bach, Teich oder einer tiefen Pfütze versperrt ist, sonst könnte ein Welpe ins Wasser fallen und ertrinken.

1 An wehrhaftes Federwild sollten Welpen nur unter Aufsicht herangebracht werden, damit der Züchter rechtzeitig einwirken und Fehlverknüpfungen vermeiden kann.

2 Früh gewöhnen sich die Welpen an ihre mobile Höhle.

Die erste Hunde-Box

In das abgesteckte Freilaufgelände kommt eine Hundehütte oder eine Hundebox mit ständig geöffneter Türe. Damit den Welpen der Umzug in die noch unbekannte, neue Behausung leichter fällt, liegt dort die bereits erwähnte Decke oder das T-Shirt aus der Wurfkiste. Der

Der richtige Platz für die Box

Den Platz für die Hundehütte oder Box wählen Sie so, dass der Wind nicht durch die Öffnung zieht. „Knallt" die Sonne vom Himmel, rücken Sie die Box unbedingt in den Schatten, denn das Klima darin kann sich bei hohen Außentemperaturen recht schnell aufheizen.

Geruch, der an dem Stoff haftet, ist den Welpen vertraut und sie werden sich im neuen mobilen Heim gleich wohlfühlen.

Hilfreich ist es, eine gängige Hundebox zu verwenden, in der die Welpen später im Auto mitgenommen werden können. Das ermöglicht eine positive Gewöhnung an die Box, bevor es ans Autofahren geht. Der zukünftige Hundeführer wird glücklich darüber sein, wenn der Welpe freudig seine Hundebox annimmt, dort keinen Stress hat und weiß, dass er darin gut aufgehoben ist.

Kontakte erwünscht!

Ab zirka der dritten Woche wird die Hündin zu kurzen Spaziergängen ins Revier und in die Stadt mitgenommen, um wieder fit zu werden. Von diesem Umfeld und den dabei gemachten Kontakten trägt sie Geruchsstoffe von draußen mit zurück zu ihrem Wurf. So schnuppern die Welpen den ersten Duft der großen, weiten Welt. Sie spüren, dass es noch etwas anderes geben muss außer Hündin, Züchter, Wurfkiste und Waage. Ab der vierten Woche sollte der Kontakt zu Menschen, vor allem den zukünftigen Besitzern, gefördert werden.

Die Glückseligkeit des Züchters überträgt sich positiv auf die Welpen.

Welpenentwicklung: Übergangsphase

Der neonatalen Phase der Welpen folgt die sogenannte Übergangsphase, die in der Wissenschaft auch transitive oder transitionale Phase genannt wird. Sie beginnt und endet mit dem vollständigen Öffnen der Augen und Ohren. Dies geschieht etwa in der dritten Lebenswoche des Welpen. Eine exakte Angabe ist nicht möglich, da diese Entwicklungsstufe nicht bei allen Hunden in genau denselben Zeitraum fällt. Anfangs können die Welpen noch nicht objektorientiert sehen und hören.

Die neurologischen Funktionen jedoch verbessern sich täglich. Die Bewegungen der Welpen werden gezielter und koordinierter. Die kleinen Hunde können nun ihre Körpertemperatur selbst regulieren und beginnen bereits, selbstständig Kot und Urin abzusetzen ohne vorheriges Belecken durch die Mutter. Jetzt beginnt die aktive Zeit. Am Ende der dritten Lebenswoche hat die Wachphase der Welpen schon einen Anteil von 50 Prozent, und am Ende der vierten Lebenswoche bereits 70 Prozent des Tages. (WEHREND)

Reizarm aufgezogene Welpen entwickeln durch sozialen Erfahrungsentzug Verhaltensdefizite und haben später oft Probleme, sich sozial anzupassen. Der Züchter, der optimal prägt, hat täglich mehrfach Kontakt zu den Welpen, nicht nur beim Zufüttern. Er bietet den Welpen erste optische (Umgebungsveränderung), taktile (verschiedene Untergründe, in den Arm nehmen) und akustische (Haushaltsgeräusche, Radio in Zimmerlautstärke etc.) Reize, die natürlich an das aktuelle Entwicklungsstadium angepasst sind.

Prägung im Sinne der Lorenzschen Gänseküken

„Die Bezeichnung Prägung sollte man nicht so kurz und wenig variabel verwenden wie etwa für die Nachfolgereaktion der Lorenzschen Gänseküken. Besser wäre folgendes Verständnis: Prägungsartiges Lernen beschreibt weniger das eigentliche Lernen als vielmehr eine besondere Erscheinungsform des Gedächtnisses zu bestimmten Zeitabschnitten. In bestimmten Phasen der Entwicklung werden bestimmte Erfahrungen dauerhafter gespeichert als in anderen Entwicklungsabschnitten. Sie hinterlassen einen dauerhafteren Eindruck als gleiche Erfahrungen zu einem anderen Zeitpunkt." (FEDDERSEN-PETERSEN)

Wichtige Prägungsschritte der 3. Woche

▶ **Erste Prägung auf**
- Akustische Signale und Geräusche
- Stubenreinheit
- Neues Umfeld in Haus und Garten

▶ **Kontakt zum Sozialpartner Mensch**

Schritt für Schritt erschließt sich dem Bretonenwelpen die Welt.

Die Entwicklung ab der vierten Woche

Sozialverhalten

Ein Welpe beginnt in seiner Entwicklung ab der vierten Woche, Signale und Gesten der Hündin und seiner Wurfgeschwister zu deuten und entsprechend darauf zu reagieren. Er nimmt Sozialpartner auch artübergreifend immer bewusster wahr. Er lernt Strategien zur Durchsetzung seiner Interessen zu entwickeln und wendet bereits Erlerntes an. Bewusste Kommunikation beginnt.

Konkurrierendes Verhalten

Soziales Verhalten ist einem Lernprozess unterworfen, deshalb muss der Welpe die Möglichkeit haben, die Regeln einer sozialen Gemeinschaft verstehen zu lernen. Normalerweise ist es die Mutterhündin, die zuerst damit beginnt, Grenzen zu setzen. So beißt sie zum Beispiel die Kleinen immer öfter weg, wenn die inzwischen aus der Kauleiste herausgewachsenen spitzen Milchzähnchen sie beim Säugen unangenehm piekSen, und zieht sich mehr und mehr von den Welpen zurück.

Wichtig

„Mit Beginn der Sozialisierungsphase Anfang der vierten Woche müssen die jetzt außerordentlich aufnahmefähigen Welpen die Regeln des Umgangs mit Sozialpartnern lernen und sich zudem an die Reize der Umwelt gewöhnen." (Feddersen-Petersen)

Am Futternapf

Wenn die Hündin fort ist, suchen die Welpen Ersatz für die Milchbar. Der Züchter beginnt jetzt mit dem Zufüttern. Anfangs fressen die Welpen alle noch relativ friedlich gleichzeitig aus einer großen Schale. Doch unter Umständen entwickelt sich ein konkurrierendes Verhalten um Futter, das sich einprägen und zur späteren Futter- oder Beuteaggression führen könnte. Der Züchter beobachtet deshalb, wie die Jungen sich verhalten. Fressen sie friedlich und ruhig oder sehr gierig? Knurren oder beißen sie sich gegenseitig vom Futter weg?

Auch das Verhalten beim Fressen lässt sich „kultivieren".

Erster Einsatz der Binärsprache

Wir empfehlen, das Futter auf mehrere Näpfe zu verteilen, wenn Welpen auffällig aggressives Verhalten an der Futterschale zeigen und hier bereits strukturierend über die Binärsprache (s. S. 64) „Ja" oder „Nein" beziehungsweise „Richtig" oder „Falsch" einzugreifen. Dabei kann sanft mit der Hand eingewirkt werden. Der „Mundräuber" wird einfach zu seiner Schüssel zurückgeschoben. Frisst er das Erlaubte, kommt ein freundliches „Ja", will er an Nachbars Schüssel, folgt sofort ein unfreundliches „Nein". Er wird dann ruhig zur eigenen Schüssel zurückdirigiert, wo er durch ein freundliches „Ja" Bestätigung erfährt. Der Mensch verwaltet und verteilt Ressourcen und setzt dabei sanft erste Grenzen. Er sagt, wo es langgeht, er bestimmt, wer was frisst, dass jeder bei seiner Schüssel zu bleiben hat und keiner den Geschwistern das Futter klauen darf. Hier wird bereits Futter- oder Beuteaggressivität unterbunden, sodass später bei Gesellschaftsjagden in diesem Bereich weniger und im günstigsten Fall keine Probleme mehr auftreten.

Wichtig

Beim Zufüttern der Welpen sollte der Züchter kein rohes Wildbret vorsetzen, da der Hund sonst später im Jagdgebrauch das erlegte Wild eventuell anschneidet.

1

2

1 Gesten und Mimik für rituelle Übereinkünfte werden einstudiert.

2 Von Anfang an grenzt sich der Rüde deutlich ab.

Sozialkontakte Hund-Hund

Aufbau sozialer Beziehungen

Mit dem Einsetzen der Sinnesfunktionen beginnt der Welpe, bewusst soziale Beziehungen aufzubauen. Er zeigt eine große Bereitschaft und Fähigkeit, soziale Fertigkeiten zu erlernen. Während dieser kritischen und sensiblen Zeit werden die mit jedem Lernprozess untrennbar verknüpften emotionalen Erfahrungen im Gedächtnis abgespeichert. Es ist also von enormer Bedeutung für den zukünftigen Besitzer, dass bereits der Züchter großen Wert auf das richtige soziale Umfeld der Welpen legt.

Grenzen setzen im Sozialverhalten

Die Mutterhündin und, falls zugegen, auch der Rüde beginnen immer mehr, die Welpen zu erziehen. Sozialkompetente und souveräne Zuchttiere artikulieren in der Regel sehr deutlich, welches Verhalten toleriert wird und wo die Grenzen sind.

Der Welpe lernt beispielsweise, wenn er zu frech war oder sich an fremden Futter oder Beute vergriffen hat, dass das Runzeln des Nasenrückens, eine steife Körperhaltung oder das Knurren von Mutter oder Vater bedeuten: „Du bist übers Ziel hinausgeschossen!“ Der Welpe zeigt mit seinem Sich-zurück-Nehmen: „Ich hab verstanden, bin doch ganz klein.“ Der erwachsene Hund wiederum reagiert sofort, nimmt sich ebenfalls zurück und ist zufrieden. Hat der Welpe verstanden, reicht so beim nächsten Mal bereits ein Nasenrückenrunzeln oder ein kurzer strenger Blick des Althundes.

Den Signalen der erwachsenen Hunde wurden entsprechende Bedeutungen zugeordnet. Es entwickeln sich immer mehr Signale mit Bedeutungsinhalt, und es entsteht bei ihrer deutlichen Artikulierung ein dynamisches Wechselspiel zwischen Welpen und Althunden.

Dieses als Mensch nachzuahmen, wäre für die Verständigung mit Welpen optimal. Mit der Binärsprache, dem Wechsel zwischen klarem und eindeutigem „Ja“ oder „Nein“ beziehungsweise „Falsch“ oder „Richtig“, nähern wir uns der hündischen Ausdrucksweise bereits sehr stark an. Diese Form der Verständigung auf sanfte Art und Weise etabliert bereits der Züchter in der Kommunikation mit den Welpen.

1 Was nach netten Spielchen aussieht, ist tatsächlich eine Unterrichtsstunde in Sozialverhalten.

2 Die kleinen Racker begreifen schnell und setzen das frisch Erlernte prompt beim nächsten Konflikt ein.

Spielerisches Lernen

Die Bewegungen der Welpen werden immer koordinierter. Sie beginnen in den folgenden Wochen, die nähere Umgebung zu erkunden, der Umgang mit den Wurfgeschwistern wird aussagekräftiger und die im Welpenspiel gezeigten Aktivitäten werden länger und ausgefeilter.

Das Wurfgeschwisterchen wird schon mal in die Rute gebissen oder an den Ohren gezogen. Die Welpen beginnen sich nach und nach bewusster selbst zu erfahren. Es geht nicht immer sanft zu und wenn ein Welpe jetzt beim wilden Toben zu weit geht, signalisiert der andere dies durch seine Wehlaute und wehrt sich entsprechend. Eine erste Beißhemmung entwickelt sich.

Rangeleien mit Sinn

Die Welpen werden von der Hündin jetzt auch schärfer reglementiert, sie greift immer wieder situationsbezogen in Rangeleien ein. Auf diese Weise entsteht ein Regelwerk für soziales Miteinander. Der Züchter lässt sie normalerweise machen, denn die Hündin folgt dabei ihren Instinkten, die ihr vorgeben, welches Verhalten der Welpen richtig oder falsch ist.

Die Weimaranerhündin demonstriert allen Welpen ihre Überlegenheit.

Nachgeben ist von Vorteil

Welpen lernen, dass es gut ist nachzugeben, sich eventuell auf den Rücken zu legen und sich zu „ergeben“. Manchmal sieht es rabiat aus, wie die Hündin das Verhalten ihrer Kleinen reglementiert, doch dabei ist viel Effekthascherei im Spiel. Der Nachwuchs bekommt anschaulich Nachhilfe in „Wie drücke ich etwas aus“ und „Was muss ich tun, um die Situation zu entschärfen“.

Auch die Welpen untereinander zeigen sich mit Rangeleien und viel Getöse gegenseitige Grenzen auf. Hier wird eine wichtige Basis für die spätere Kommunikation nicht nur mit anderen Hunden, sondern auch artübergreifend geschaffen.

Sozialkontakte Mensch – Hund

Vertrauensvoller Körperkontakt

Um ein positives Sozialverhalten zwischen Mensch und Hund für den späteren Lebensverlauf zu bestärken, ist liebevoller Körperkontakt das ganze Hundeleben lang wichtig. Der Züchter beginnt bereits ab der vierten bis fünften Woche, einen vertrauensvollen, aber auch eingrenzenden Körperkontakt zwischen Mensch und Hund zu prägen und zu fördern.

Hierzu gehört auch, dass der Welpe sich ohne Argwohn oder Stress jederzeit von seinem Menschen auf den Rücken legen und den Bauch kraulen lässt. Der Mensch sollte sich über ihn legen oder über ihn beugen können, ohne dass der Welpe Verunsicherung oder gar Angst zeigt.

Diese zwei verstehen sich prima.

Hund und Kinder

Kinder im Haus des Züchters können durchaus von Vorteil für eine gute Prägung sein. Beim Kontakt zwischen Kindern und Hunden muss jedoch immer eine Aufsichtsperson anwesend sein, die das Geschehen beobachtet und einschreitet, wenn es nötig ist!

Prinzipiell gilt: Eine von Natur aus kinderliebe Hunderasse gibt es nicht. Ein Welpe, der, vor allem in den ersten 14 bis 16 Wochen seines Lebens, negative Erfahrungen mit Kindern macht, reagiert oft erst dann aggressiv, wenn er die nötige Reife hat, sich durchzusetzen. Dann zeigt er Kindern scheinbar „wie aus heiterem Himmel" die Grenzen auf, deren Überschreitung er nicht mehr zu dulden bereit ist.

Der Züchter hat hier eine große Verantwortung, denn er kann viel dafür tun, dass sich aus einem Welpen ein kinderfreundlicher Hund entwickelt, wenn sein Kontakt zu den Welpen und auch der seiner Kinder freundlich ist und dabei klare Signale zum Einsatz kommen.

Aktionspotenziale und Ruhe

Ab zirka der vierten bis fünften Woche werden die aktiven Phasen der Welpen länger. Doch zwischendurch liegen die Welpen auch viel zusammen, um eine Runde zu schlafen. Wenn sie aufwachen und aktiv werden, können der Züchter und auch die neuen Halter dieses Aktionspotenzial dazu nutzen, mit den Kleinen etwas zu unternehmen oder sich mit dem einen oder anderen von ihnen intensiver zu beschäftigen. So lernen sie einen Wechsel zwischen Ruhe- und Aktivphase kennen.

Ausgeglichenheit fördern

Welpen, die in dieser Weise geprägt wurden, sind insgesamt nicht so nervös, aufgekratzt oder überdreht und verhalten sich zwischen ihren „verrückten" fünf Minuten auch immer wieder ausgeglichen, entspannt und ruhig. Damit die Welpen sich im Temperament so entwickeln, ist es vor allem in den ersten 16 Wochen extrem wichtig, ihnen ausreichend Ruhepausen zu gönnen und sie dabei nicht zu stören, insbesondere nicht, wenn sie schlafen.

Wichtig

Kleine Kinder nie alleine mit den Welpen lassen! Eine Aufsichtsperson muss dabei sein und sofort einschreiten, wenn ein Kind zu „experimentieren" beginnt.

Aufmerksamkeit fördern – Kontakthalten

Die Aufmerksamkeit und das Kontakthalten des Welpen zum Menschen aufzubauen, ist ein wichtiger Prägungsschritt, der vom Züchter vorbereitet wird. Kontakthalten kann man ganz einfach erreichen: Jeder Welpe läuft seiner Mutter nach, denn die Mutter trägt das Futter, die Milchbar immer bei sich. Das macht sich der Züchter zunutze.

Erste Schritte

Er motiviert die Mutterhündin, ihm zu folgen. Die Welpen bemerken dies mit Sicherheit sofort und rennen der Mutter hinterher, um den Anschluss nicht zu verlieren. Während der Züchter läuft, freut er sich, pfeift oder ruft „Honolulu" und klatscht in die Hände. Die Welpen sind darauf konzentriert, den Kontakt zur Hündin und damit auch zum Züchter nicht zu verlieren. Der Laut (Pfeifen, Rufen, Klatschen) kann so einem Verhalten, dem Weglaufen, zugeordnet und zum auslösenden Reiz für das Nachkommen werden. Wenn der Züchter jetzt einige Male auf diese Weise zusammen mit der Hündin zum vollen Futternapf läuft, werden ihm die Welpen schon nach einigen Tagen immer öfter auch ohne Hündin hinterhereilen, denn sie haben Hunger und wollen den Kontakt zum Futterspender nicht verlieren.

Kontakthalten festigen

Der Züchter trifft auf diese Weise bereits erste Übereinkünfte und legt damit eine gute Basis für die spätere Führigkeit der Welpen. Auch die Welpenexkursionen ins nähere Umfeld oder ins Revier, die in den nächsten Wochen immer häufiger auf der Tagesordnung stehen, dienen keinesfalls dazu, dass jeder der Welpen verselbstständigt auf Entdeckungsreise geht und machen kann, was er will. Im Gegenteil: Während der täglichen kurzen Spaziergänge sollen die Welpen möglichst dem Menschen nachlaufen und auf diesen fokussiert sein. Ein ausgezeichnetes Vorbild und eine prima Hilfe ist dabei die gut erzogene Mutterhündin, die ganz selbstverständlich in der Nähe des Züchters bleibt oder auf Ruf sofort herankommt.

Freiwilliges Kontakthalten des Hundes ist sowohl im Alltag als auch im Jagdbetrieb die Basis für jegliche weitere Ausbildung. Ein Hund,

Eifrig versuchen die Welpen, Kontakt zu halten.

Die Welpen sollen nicht herumstromern, sondern wie hier dem Züchter auf dem Pirschpfad folgen.

der sich an seinem Menschen orientiert und sich für ihn interessiert, hält Kontakt und ist damit führ- und lenkbar. Ist es nicht das, was wir uns bei der Jagd wünschen? Schließlich wollen wir einen Hund, der mit uns zusammen jagen geht, im Team arbeitet, sich rückversichert und dabei uns und nicht sich selbst in Besitz der Beute bringt.

Hocken und freudiges „Honolulu" sind gleichbedeutend mit der Hand, die Futter reicht.

Herankommen

Schon jetzt, ab der vierten Lebenswoche setzt der gute und engagierte Züchter erste Anreize für das freudige Herankommen der Welpen.

Erstes freudiges Herankommen

Neben dem Fördern der Aufmerksamkeit des Welpen und einem Kontakthalten werden die Fütterungszeiten dazu genutzt, mit dem bereits einstudierten lockenden Ruf oder Pfiff die Aufmerksamkeit der Welpen so zu erregen, dass sie jedes Mal neugierig herangesaust kommen. Sind sie da, erhalten sie sofort ihr Futter. Bereits nach einigen solchen Fütterungen genügt es, einmal zu pfeifen oder „Honolulu" zu zwitschern, um die Welpen zum Herankommen zu animieren. Dieser Laut bildet im Gehirn spezielle neuronale Vernetzungen und prägt sich ein.

Herankommen festigen

Damit den Welpen das Herankommen auch weiterhin Spaß macht, es gefestigt wird und überall abgerufen werden kann, wiederholt der Züchter in den nächsten Wochen die „Komm"-Übung (Pfeifen oder „Honolulu"-Rufen) sowohl im Garten als auch auf den kurzen Ausflügen, so oft es geht. Die Rasselbande wird jedes Mal mit Leckereien

Diese freundliche Geste mit den ausgebreiteten Armen erleichtert es dem Welpen, seinen Menschen zu finden.

oder Streicheleinheiten belohnt, wenn sie angesaust kommt. Dieses „Herankommensspiel" macht der ganzen Truppe sichtlichen Spaß und dient als Vorbereitung für den zukünftigen Besitzer, der das „Herankommensspiel" auf dieselbe Art und Weise mit der ganzen Familie weiter fortführt.

Verknüpfung von Laut- und Körpersignal

Zusätzlich zu dem Lautsignal, also dem bereits bekannten Pfiff, dem Zungenschnalzen oder freudigen „Honolulu"-Ruf, etabliert der Züchter zusätzlich ein erstes Körpersignal, indem er gleichzeitig zum Laut in die Hocke geht und mit den ausgebreiteten Armen auf- und abwedelt. Klappt das, kann der akustische Reiz (Pfiff etc.) nun schon das eine oder andere Mal weggelassen werden. Dazu wartet er, bis einer der Welpen kurz nach ihm sieht und geht dann sofort wortlos in die Hocke. Jetzt lässt sich feststellen, ob das In-die-Hocke-Gehen den Welpen zum Herankommen auslöst, er also das Körpersignal verstanden hat.

Läuft dieser eine Welpe los, sausen mit Sicherheit auch die anderen mit. So erreicht der Züchter, dass die Welpen ihn im Auge behalten, um nur ja nicht zu verpassen, wenn es Futter gibt. Vorteil: Die Welpen verlassen sich nicht allein auf Laute, Pfiffe oder Rufe, sondern werden motiviert, ab und zu nach dem Züchter zu schauen. Schnell festigt sich bei ihnen, dass es sich lohnt, den Sicht-Kontakt zu halten.

Die Aufnahme von Blickkontakt als Kontakthalten und das freudige Herankommen wird mit den Welpen mindestens einmal am Tag geübt und zwar so lange, bis diese an ihre neuen Besitzer abgegeben werden. Der Hundeführer knüpft dann hier an und greift auf diese Laut- und Körpersignale zurück.

Wichtig

Zwischen Laut- und Körpersignal muss öfter gewechselt werden. Mal werden die Welpen also mit Pfiff, mal mit Zungenschnalzen oder „Honolulu" und auch mal ohne Laut- und nur mit Körpersignal (In-die-Hocke-Gehen) heranmotiviert.

Aufmerksam nehmen die BGS-Welpen immer mehr am Geschehen ihres Umfeldes teil.

Welpenentwicklung: Prägungsphase

Auf die Übergangsphase folgt die sogenannte Sozialisierungsphase, auch Prägungs-, kritische oder sensible Phase genannt. In der Fachliteratur wird die Sozialisierungsphase noch einmal in zwei Abschnitte unterteilt. Als Prägungsphase wird der Zeitraum zwischen dem Beginn der vierten Woche bis zur achten Woche benannt, wobei der Höhepunkt in der sechsten und siebten Woche liegen soll. Dann beginnt die Sozialisierungsphase, die individuenabhängig bis zur zirka 16. bis 18. Woche andauern kann. Die Zeitangaben für Beginn und Ende dieser Phasen sind in der Fachliteratur unterschiedlich angegeben, da rasse- und individuengebundene Unterschiede bestehen können.

Etwa ab der vierten Lebenswoche entwickelt der Welpe immer bessere motorische Fähigkeiten und seine sozialen Interaktionen nehmen täglich zu. Er erkundet sein Umfeld immer genauer und intensiver und entwickelt bei optimalen Verhältnissen die Fähigkeit, Bindungen und Sozialbeziehungen zu Artgenossen und Menschen einzugehen. Der Züchter sollte diesem Zeitraum bis zur Abgabe des Welpen besondere Aufmerksamkeit widmen.

Die Entwicklung des Gehirns

In diesen ersten prägenden Lebenswochen des Welpen entwickelt sich das Gehirn gemäß den rassespezifischen Gegebenheiten. Es wächst ähnlich wie andere Körperteile. Während dieser Phase des Gehirnwachstums entstehen neuronale Vernetzungen. Ein Welpe kommt mit einer kleinen Anzahl von Nervenzellen im Gehirn, den sogenannten Neuronen, auf die Welt. Anfangs ist jede Nervenzelle, jedes Neuron mit einigen anderen Neuronen verbunden. Diese Verbindungsstellen zwischen den Neuronen werden Synapsen genannt. Je mehr Umweltreize der Welpe in der Prägungs- und Sozialisationsphase kennenlernt und verarbeitet, umso mehr Synapsen werden ausgebildet. Wenn das Wachstum des Gehirns abgeschlossen ist, kann im optimalen Fall eine einzelne Nervenzelle über mehr als 10.000 Synapsen verfügen. Je mehr Neuronen untereinander vernetzt sind, umso leistungsfähiger ist ein Gehirn.

Warum ist das so wichtig? Nur mit einem leistungsfähigen Gehirn fällt es dem Hund später leichter zu lernen. Er kommt dann mit den ständig wechselnden Umweltreizen, die auf ihn einströmen, besser zurecht, zeigt variableres Verhalten und kann sich deshalb auf wechselnde Lebensbedingungen leichter einstellen. Ein angepasstes und sanftes Fordern des Welpen, sich bereits in dieser Entwicklungsphase mit unterschiedlichsten Umweltreizen auseinanderzusetzen, ist wichtig, denn die Reize aus der Umwelt bestimmen darüber, welche neuronalen Vernetzungen zustande kommen. Quantität und Qualität der gemachten Erfahrungen sind dabei ausschlaggebend für das spätere Verhalten des Hundes.

Wichtige Prägungsschritte 4. bis Ende 8. Woche

- ▶ **Neuronale Vernetzungen im Gehirn**
- – Durch wechselnde Umweltreize
- ▶ **Aufbau sozialer Beziehungen**
- – Innerartlich
- – Artübergreifend
- ▶ **Einsatz der Binärsprache**
- – „Ja“ oder „Nein“ = „Richtig“ oder „Falsch“
- ▶ **Kontakthalten**
- – Aufmerksamkeit (Blickkontakt und Interesse) fördern
- – Folgschaft (Nachlaufen) fördern
- ▶ **Herankommen**
- – Freudiges Annähern einstudieren durch
- – Lautsignal („Honolulu“, Zunge schnalzen, Pfiff) und
- – Körpersignal (In-die-Hocke-Gehen und Arme-Ausbreiten)

Anlagen fördern und Abgabe vorbereiten

Kontakt mit Wild und Wasser

Erste Tendenzen erkennen

Ab einem Alter von fünf bis sechs Wochen zeigen sich bei den Welpen bereits erste Verhaltenstendenzen. Mit kleinen Tests wie kurzzeitigem Anbieten von Wildteilen, Schleppenlegen und dem Einsatz der Reizangel, erkennt der Züchter, unter Berücksichtigung von Welpen-Alter und -Entwicklung Wesenszüge und Anlagen. Zeitgleich lassen sich Anlagen wecken und in die richtige Richtung lenken.

Mit Wild arbeiten

Der Züchter macht die Welpen, abhängig vom späteren Einsatzgebiet, mit allerlei Wildteilen bekannt, wie beispielsweise Rehlauf, Krähenschwinge, Fuchslunte oder Dachsbrante. Kontakte mit unterschiedlichen Wildteilen laufen für die Jungspunde immer kontrolliert ab. Den Welpen wird also nicht einfach Haar- oder Federwild überlassen, damit sie dann darum raufen, es zerlegen oder sogar auffressen. Das könnte zu Fehlprägungen führen wie Anschneiden, Knautschen, konkurrierendem Verhalten untereinander etc. Der Züchter will vielmehr beobachten, wie die einzelnen Welpen mit Beute umgehen. Er legt zum Beispiel im Garten einen Rehlauf oder eine Entenschwinge ins Gras und geht dann mit den Welpen darauf zu. Jetzt zeigt sich, welcher Welpe als Erster anzieht, wer sich sofort die Beute schnappt, sie in Besitz nimmt, sie vor seinen Geschwistern in Sicherheit bringen oder vergraben will. Man sieht, wer von den Rackern Durchsetzungsvermögen hat und wer zielstrebig oder eher unsicher auf Wild und Wittrung reagiert.

Mit fünf Wochen lassen Welpen in kleinen Tests bereits erste Verhaltenstendenzen erkennen.

Eine Situation, die man sofort nutzen muss. Dem Terrier wird jetzt Futter im Tausch angeboten – die Basis für Bringtreue.

Überlassen von Beute

Der Züchter macht sich die Eigenschaft des Jagdhundes, gerne nach Beute zu suchen, zunutze. Je früher ein Welpe motiviert wird, Beute aufzunehmen und seinem Menschen zu bringen oder sie anzuzeigen, umso zuverlässiger und freudiger wird er es auch später tun.

Natürlich lassen sich hier rassebedingte Unterschiede feststellen. Es gibt Jagdhundrassen, die von ihrer genetischen Veranlagung her gerne Beute ins Maul nehmen und umhertragen. Hunde, die nicht dafür geeignet sind, werden für das Anzeigen belohnt. Der Welpe lernt schon von Anfang an, seinen Menschen gegenüber nicht konkurrierend aufzutreten, das gilt für den familiären wie auch jagdlichen Bereich. Er soll Beute nicht für sich beanspruchen.

Dieses ehrgeizige Ziel erreicht man über unsere Regel „Beute wird eingetauscht". Dieses Prinzip vermittelt man dem Welpen am besten über das Tauschen gegen Futter. Er bekommt für alles, was er im Fang hat, ein Futterstückchen im Tausch. Gerne wird er dafür den Pantoffel, das Holzstückchen, das Kinderspielzeug oder die Schwinge fallen lassen, damit er das Futterstückchen fressen kann. Bereits in dieser Phase legt der Züchter beim Welpen die Basis für die spätere Bringtreue im Revier.

Einsatz der Reizangel

Mit einem an der Reizangel befestigten Stück von einem Balg oder einer Schwinge wird das Verhalten von flüchtendem Wild nachgeahmt. Um Stimmungsübertragung und Konkurrenzdruck innerhalb der Meute auszuschließen, testet der Züchter jeden Welpen einzeln mit der Reizangel. Wie reagiert der Welpe zum Beispiel auf ein Stück Balg, das schnell über den Boden huscht und dabei immer wieder verharrt? Wie verhält er sich, wenn die an der Reizangel befestigte Schwinge sich

Der Großer-Münsterländer-Welpe bringt die Beute in Sicherheit um zu tauschen.

Der Bretone zeigt jetzt schon eine ausgezeichnete Anlage zum Vorstehen.

durch Abstreichen entzieht und dann wieder landet? Setzt er nach oder zeigt er bereits Ansätze von Jagdstrategien und wartet, bis die Beute wieder vorbeikommt oder stoppt. Manche Welpen geben, wenn mit ihnen an der Reizangel gearbeitet wird, bereits einen ersten Hetzlaut von sich. Der Züchter macht sich ein Bild davon, ob ein Welpe rassebedingt entsprechende Anlagen wie beispielsweise Verfolgen, Vorstehen, Durchstehen oder eher Einspringen mitbringt, ob er die Beute passioniert hetzt, packt, schüttelt und bei Gegenzug festhält oder sogar kon-

Die Beute an der Reizangel zieht den blauen Langhaar-Weimaraner in ihren Bann.

tert. In diesem frühen Alter kommt es jedoch noch sehr darauf an, wie stark das Gesichtsfeld eines Welpen entwickelt ist.

Entsprechend der Rasse, der Veranlagung und dem späteren Einsatz im Revier festigt der Züchter zum Beispiel das Vorstehverhalten oder weckt über die Reizangel kontrolliert Passion. Bei fehlender Passion einzelner Welpen macht es wiederum Sinn, mit der ganzen Meute zu arbeiten.

Ein erstes spielerisches Heranführen an den Fuchsapport

Instinktmuster erkennen und kultivieren

So können sich der Züchter oder Welpeninteressent einen ersten Eindruck zu den jagdlichen Anlagen eines Welpen verschaffen:

1. Beispiel: Vorstehverhalten

An einer Reizangel wird eine Entenschwinge befestigt. Vorsichtig bringt man mittels der Reizangel Leben in die Schwinge, sie bewegt sich auf dem Boden oder fliegt auch mal kurz in die Luft. Von sieben fünfeinhalb Wochen alten Vorstehhunden zeigen drei beim ersten Kontakt mit der Entenschwinge vorsichtiges Annähern und deutliches Vorstehverhalten durch Verharren, während zwei andere der Schwinge sofort neugierig nachlaufen. Einer interessiert sich gar nicht dafür und ein anderer reagiert überängstlich.
Tendenz der Welpen: Gutes Vorstehverhalten bei drei Welpen, Vorstehverhalten nicht oder noch nicht ausgeprägt bei zwei Welpen, das heißt: Vorstehen sollte gefördert werden. Der uninteressierte Welpe, eventuell ein Spätentwickler, und der unsichere aus diesem Wurf werden beobachtet und zum Beispiel über das Verfolgen-Lassen von Beute entsprechend gefördert.

2. Beispiel: Fuchslunte

Ein vier Wochen alter Terrierwelpe schnappt sich die gegerbte Fuchslunte, verschwindet damit zielstrebig hinter einer Hecke und will sie eingraben. Auch gegenüber seinen Wurfgeschwistern zeigt er sich stark beutesichernd.
Tendenz des Welpen: Der Terrier nimmt Beute in Besitz und neigt zum Totengräber. Hier muss sofort und konsequent an der Regel „Beute wird eingetauscht" gearbeitet werden (s. S. 92).

Ein Totengräber, ganz vertieft in seine Arbeit

Die erste Schleppe – Nasenleistung testen

Wahlweise kann der Züchter für jeden seiner Welpen eine gesonderte Schleppe mit einer Schwinge oder einer Fuchslunte ziehen. Die sollte allerdings gegerbt sein, damit es nicht zu einer Übertragung von Fuchsbandwürmern kommen kann. Es geht zuerst einmal nur darum, zu erkennen, ob und wie stark die Nasenleistung des Welpen ausgebildet ist und ob er bereits ausgelöst wird, der Wildwittrung zu folgen. Der Welpe wird nur beobachtet, es wird kein Kommando „Such!" oder Ähnliches gegeben oder auf die Schlepp-Spur gedeutet. Löst ihn die gelegte Schleppe, also die Geruchsspur nicht aus, dann muss der

Auslösen

Wir benutzen den Begriff „Auslösen", wenn ein bestimmter Sinnesreiz, zwangsläufig eine – willentlich nicht beeinflussbare – Reaktion beim Hund zur Folge hat. Der Hund kann sich diesem Reiz nicht entziehen und seine Reiz-Antwort auch nicht unterdrücken oder willentlich steuern. Ein Jagdhund wird insbesondere über Bewegungsreize und Geläufe, Spuren oder Fährten von Wild ausgelöst.

Züchter helfen: Er „schnüffelt" selbst interessiert danach. Dabei sieht er gleichzeitig, ob der Welpe sich neugierig an ihn koppelt und schließlich auch Interesse zeigt oder nicht und wie lang jeder der Welpen die Spur verfolgt. Auch hier muss bei der Beurteilung berücksichtigt werden, dass sich bei jedem Welpen die Nasenleistung unterschiedlich schnell entwickelt.

Erster Kontakt mit Wasser

Der Züchter ermöglicht den Welpen auch erste Erfahrungen mit dem nassen Element. Dazu sucht er nach Möglichkeit ein warmes (!) Gewässer mit flachem Randgebiet auf. Dort ist das Kennenlernen von Wasser zusammen mit der Mutterhündin eine gute und wichtige Früherfahrung. Der erste Kontakt mit Wasser sollte freiwillig und angespornt durch die eigene Neugier stattfinden. Zwingt man die Welpen, könnte eine lebenslange Scheu oder sogar Angst vor dem Kontakt mit Wasser entstehen.

Wer Lust hat, kann mitkommen.

Wasserscheue muss nicht sein

Wie schnell etwas schiefgehen kann, zeigt folgende Erfahrung: An einem kleinen Wassertümpel ist ein Bereich mit großen Seerosenblättern zugewachsen. Die Blätter liegen nahe nebeneinander, und es ist fast keine Wasserfläche dazwischen zu erkennen. Die Welpen tollen am Ufer herum. Plötzlich läuft einer der Racker auf die Seerosen zu, will auf den Blättern weiterlaufen und taucht kurz unter. Der Kleine trägt einen gehörigen Schrecken davon und meidet daraufhin zuerst einmal alles, was mit Wasser zu tun hat. Eine ungünstige Prägung für einen Jagdhund, der später freudig am Wasser arbeiten soll.

Deshalb sucht der Züchter einige Tage später zusammen mit der Mutterhündin noch einmal ein flaches Gewässer auf und durchwatet es mit der munteren Meute. Dabei beobachtet der unsichere Welpe Mutter und Wurfgeschwister, die ohne Angst an das Wasser herangehen. Neugierig ahmt er ihr Verhalten nach und verliert nach anfänglichem Zaudern seine Scheu. Man kann also nicht vorausschauend genug sein. Und passiert doch einmal etwas, wird sofort reagiert und gegengesteuert.

Wie selbstverständlich folgen die Langhaar-Weimaraner-Welpen der Mutterhündin.

Optimale Vorprägung

Der erfahrene Züchter erkennt, ob und welche Strategien ein Welpe rassebedingt bei den jeweiligen Tests zeigt und wie er sich dabei verhält. Er sieht beim einzelnen Welpen dessen Veranlagung und wird sie in den verbleibenden Wochen, bevor der Racker in neue Hände wechselt, fördern oder eventuelle Problematiken (Totengräber, Desinteresse an Wild etc.), in entsprechende Bahnen lenken.

Da in diesen Lebenswochen die gezeigten Verhaltensmuster stark von der Tagesverfassung des einzelnen Welpen und seinem augenblicklichen Entwicklungsstand abhängen, sind Beobachtungen über einen längeren Zeitraum nötig. Je nachdem, wie sich die Welpen entwickeln, wird der Züchter die richtigen Schritte unternehmen. Unter Berücksichtigung späterer Haltungsbedingungen schafft er eine optimale Vorprägung.

Auf einer ersten Federwild-Testschleppe zeigt dieser Deutsch-Drahthaar ausgezeichneten Spurwillen bei tiefer Nase.

Wichtige Prägungsschritte 4. bis Ende 8. Woche

Jagdliche Anlagen fördern

- Erster Kontakt mit diversen Wildteilen
- Erstes Beutetauschen
- Erstes Vorstehen
- Erste Schleppe
- Erster Wasserkontakt

Das Umfeld entdecken

Auf Entdeckungsreise

Die Welpen dürfen schon früh Entdeckungsreisen durch das Welpenrevier machen und ein begrenztes Umfeld im Garten erkunden. Hier gibt es verschiedene Untergründe wie Holz- oder Steinboden und möglichst viel Grasfläche. Interessiert wird alles in Beschlag genommen. Da finden sich zum Beispiel eine Holzkiste, Kletterbretter, eine schiefe Bahn oder Wippe, und für Erdhunde eine oder mehrere Röhren.

Der Züchter legt auch diverse Gegenstände aus, die entdeckt, zerkaut und herumgetragen werden können. Sollte einer der Welpen ausgelegte Gegenstände über Gebühr verteidigen oder diese vergraben, greift der Züchter schon sanft reglementierend ein oder ermuntert den Welpen dazu, ihm diese Sachen im Tausch zu überlassen. Der zukünftige Hundebesitzer wird auf jeden Fall auf die Tendenz (Beute verteidigen, Totengräber) aufmerksam gemacht. Im Gehege sollten keinerlei Wildteile herumliegen, denn das verleitet die Welpen zum Anschneiden.

Die ideale Basis für zukünftige Anschneider!

Der Welpe als „Beifahrer“

Ab der sechsten Woche werden der Truppe im optimalen Fall täglich neue Umweltreize angeboten. Der Züchter nimmt die Welpen alleine oder zusammen mit der Hündin zu kurzen Ausflügen oder schon

In der Box fühlen sich die Welpen wohlbehütet. So wird Autofahren zur Normalität.

ab und zu ins Revier mit. So wird die Rasselbande ans Autofahren gewöhnt.

Bevor es auf Reisen geht, sollten sich die „jungen Wilden" jedes Mal richtig austoben dürfen, dann sind sie müde und schlüpfen nur zu gern in die bereits vertraute Box. Wenn die Kleinen die Box bereits in ihrem eingezäunten Hundegarten in positiver Weise kennengelernt haben, fühlen sie sich im Auto augenblicklich wohl und geborgen. Ehrensache, dass jeder, Züchter ebenso wie der spätere Besitzer, nicht wie ein Formel-1-Fahrer durch Kurven brettert, sondern den Fahrstil entsprechend anpasst. Auch sollte die erste Autofahrt nicht allzu lang andauern, maximal zehn Minuten. Mit jeder weiteren Fahrt kann die Fahrzeit etwas verlängert werden. Eine gute Vorprägung für ein stressfreies Mitfahren im Auto hält meist ein Leben lang und ist für Hund und Mensch viel wert.

Umweltsicherheit aufbauen

Bei den kleinen Ausflügen mit seiner Rasselbande sorgt der Züchter auch dafür, dass der Nachwuchs viel Neues kennenlernt und Kontakt zu anderen Personen und Kindern hat. Er freut sich darüber, dass die Welpen sich schon gut an ihm orientieren. Er ist ihre Bezugsperson, zumal er den Hunden nicht nur jeden Tag ein anderes Abenteuer bietet, sondern auch die Futterrationen einteilt und bei den Ausflügen immer die Taschen voll mit Leckerchen hat.

Gemeinsam mit dem stolzen Züchter finden kleine Ausflüge in die weite Welt statt.

Neben der Kontaktaufnahme, dem Kontakthalten und dem freudigen Herankommen sollen die Welpen lernen, sich in verschiedenen Umweltsituationen zurechtzufinden. Je mehr Möglichkeiten ein Welpe dazu bekommt, desto leichter kann er ungewohnte Situationen im späteren Leben meistern und stressfrei verarbeiten. Der Aufbau und die Entwicklung des Gehirns sollte durch möglichst viele Eindrücke, Informationen und Geräusche unterstützt werden. Dazu gehören auch Schussgeräusche aus weiterer Entfernung, jedoch nur, wenn die Rasselbande nebst Mutterhündin unbefangen umhertollt.

Bogenreinheit

Bei vielen Jagdhundrassen macht es Sinn, eine Grundlage für spätere Bogenreinheit zu legen. Bogenreinheit zeigt ein stöbernder Hund, wenn er den „Bogen“, das heißt die abzusuchende, von der Schützenkette umstellte Dickung nicht verlässt und diese auch hinter gesundem Wild nicht überjagt. Er macht selbstständig bei der Schützenkette kehrt und nimmt die Dickung wieder an.

Um erste Ansätze zur späteren Bogenreinheit zu prägen, läuft der Züchter mit seiner Meute bei seinen Ausflügen ins Revier nicht einfach querfeldein. Er bleibt vielmehr auf Wegen, wechselt nicht einfach von der Wiese in den Bestand, sondern läuft maximal bis zum Waldrand, bleibt innerhalb einer Schneise oder auf dem Pirschweg und achtet darauf, dass es ihm die Hundemeute gleichtut.

Sich am Menschen zu orientieren, auf dem Weg zu bleiben, Kontakt zu halten – all das wird bereits vom Züchter einstudiert.

Halsband und Leine

Die Hündin ist nicht mehr rund um die Uhr für die Welpen da, doch so richtig allein auf sich gestellt waren sie bisher noch nie. Die Zeit des Abschied-Nehmens voneinander rückt Tag für Tag näher. Damit die Welpen bei der bevorstehenden Trennung von Hündin und Geschwistern möglichst wenig Stress haben und keine Trennungsangst aufbauen, beginnt der Züchter in den letzten ein bis zwei Wochen damit, sich den jungen Rackern einzeln zu widmen.

Diese Einzelbetreuung kann für vieles genutzt werden. Unter anderem, um jeden der Welpen an sein erstes Halsband zu gewöhnen. Dazu verwendet der Züchter ein leichtes Zughalsband mit Stopp, in das der Hund problemlos mit dem Kopf hinein- und auch wieder herausschlüpfen kann. Vor dem ersten Anlegen des Halsbandes setzt der Züchter sich zu dem Welpen auf den Boden und liebelt ihn erst einmal sanft und ausgiebig ab.

Wichtig

Ein Welpe sollte keinesfalls mit angelegter Halsung zu seinen Geschwistern in den Auslauf gesetzt werden. Beim Toben und Rangeln könnte einer am Halsband hängen bleiben.

Wichtig

Bei kleineren Rassen wie Teckel oder Terrier ist es oft schwierig, ein passendes Halsband zu finden. Meist sind sie zu schwer oder zu groß. Basteln Sie sich ein erstes Zughalsband mit Stopp und die Leine aus einem leichten, dünnen Lederband selbst.

Die Fichtlmeiersche Anleintechnik

Ein bewährtes Prozedere für das An- und Ableinen sorgt dafür, dass der Welpe Halsband und Leine von Anfang an positiv erlebt. Der Züchter muss es mit ihm üben. Diese Fichtlmeiersche Anlein-Technik verhindert, dass der Welpe negative Erfahrungen infolge ungeschickten Hantierens macht, sondern vielmehr lernt, freudig und freiwillig in die Halsung zu schlüpfen.

Freudig ins Halsband schlüpfen

Und so geht's: In der rechten Hand hält man ein Futterstück und in der linken das Halsband. Das Halsband wird mit den Fingern so aufgespreizt, dass eine offene Schlinge entsteht, die vor die Schnauze des Welpen gehalten wird. Dann führt man die rechte Hand mit dem Futterstückchen durch die Halsbandschlinge in Richtung Schnauze. Sobald der Welpe an dem Futterstückchen schnuppert und es nehmen will, bewegt man die rechte Hand langsam zurück, während die linke Hand mit dem Halsband fest an ihrer Position bleibt. Der Welpe folgt nun der Bewegung der rechten Hand, um das Futterstück zu erreichen, und schlüpft so mit seinen Kopf selbst durch das Halsband (s. Fotofolge nächste Seite). Nicht der Mensch streift es über den Kopf des Welpen, sondern dieser schlüpft freiwillig hindurch.

Der Welpe wird sich anfangs vielleicht etwas schütteln, weil das Halsband für ihn ungewohnt ist, aber das wird nicht lange andauern. Bekommt er jetzt noch seine schon vorbereitete Futterration, wird er beim Fressen das ungewohnte Ding an seinem Hals ganz schnell vergessen.

1 Mit der linken Hand wird das Halsband so aufgehalten, dass der Welpe problemlos hindurchschlüpfen kann. In der rechten Hand wartet ein Futterbröckchen.

2 Sobald der Hund durch die Halsung schlüpft, …

3 … erwartet ihn die Belohnung.

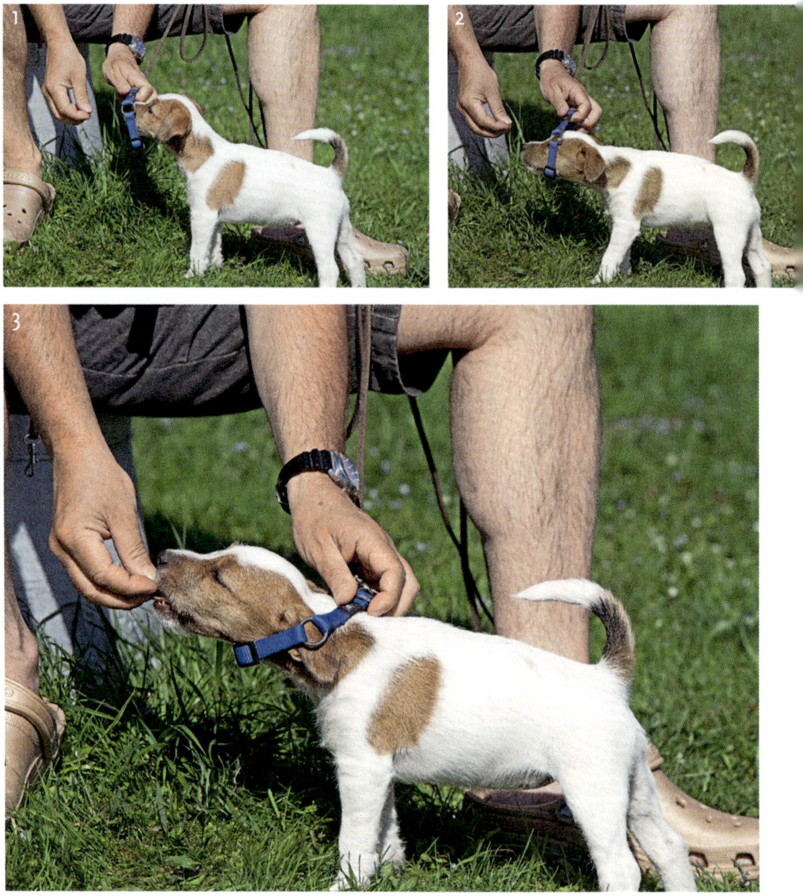

Halsband abnehmen

Hat der Welpe aufgefressen, nimmt man ihn sanft in den Arm, streichelt über seinen vollen Bauch und nimmt ihm behutsam und ohne ruckartige Bewegungen das Halsband wieder ab, sodass er wie von selbst herausschlüpft. Auch hierbei erhält er ein Leckerchen.

Ein weiterer, sinnvoller Nebeneffekt dieser Übung: Der Welpe wird, auch wenn es nur für einige Minuten ist, zwar von seinen Wurfgeschwistern getrennt, aber zeitgleich auf diese Weise langsam, Tag für Tag, auf die bevorstehende Trennung von seinen Wurfgeschwistern vorbereitet. Wenn sein neuer Besitzer ihn abholen kommt, kennt er ein Getrenntsein von den Geschwistern schon, und es wird ihn weniger beunruhigen. Hinzu kommt außerdem, dass beim Anlegen und Abnehmen des Halsbandes das Hantieren an seinem Körper, der Blickkontakt, das Kontakt- und Stillhalten positiv belegt wurde, denn schließlich gab es dabei immer Streicheleinheiten und „Einzelbetreuung mit Futter".

An die Leine – fertig – los

Eine weitere wichtige Vorbereitung für den späteren Besitzer: Jeder Welpe sollte schon frühzeitig vom Züchter mit der am Halsband angeklinkten Leine vertraut gemacht werden. Leine und Halsband braucht der neue Halter das erste Mal bereits bei der ersten Heimfahrt.

„Machen lassen“

Wenn Anlegen, Tragen und Abnehmen des Halsbandes problemlos funktionieren, befestigt der Züchter, bevor er das nächste Mal das Halsband anlegt, an der Halsung eine normal lange Führleine, die von Beschaffenheit und Gewicht der Körpergröße des Welpen angepasst wird.

Ist der Racker nach dem Fichtlmeier-Motto freiwillig und freudig durch sein Halsband geschlüpft, fixiert der Züchter zunächst einmal den nicht zu kurz gehaltenen Riemen. Vielleicht wird der Jungspund anfangs die Leine gar nicht recht bemerken, weil er sowieso in der Nähe bleibt. Doch irgendwann will er sich vielleicht kurz entziehen und sieht sich plötzlich in seinem Freiheitsdrang eingeschränkt, denn die Leine spannt sich und signalisiert: Bis hierher und nicht weiter. Nun lässt man den jungen Entdecker erst mal machen. Er wird herumprobieren, vielleicht weiter nach vorne prellen, den Druck verstärken oder eben aushalten. Irgendwann, nach ein paar Augenblicken, hört er auf zu ziehen oder dreht sich zum Züchter um. Sofort reagiert dieser auf die Kontaktaufnahme mit einem freundlichen „Ja – so brav“ oder „Honolulu“, und gleich wird der Hund die Leine vergessen haben und freudig herankommen, um sich abliebeln zu lassen. Manchmal fühlen sich Welpen beim Angeleintsein gefangen und geraten in Panik. Dann empfiehlt es sich, den angeleinten Welpen auf den Arm zu nehmen, ihm Futter aus der Hand anzubieten und sanft sein Bäuchlein zu kraulen. So wird er die Leine augenblicklich vergessen.

Ein Futterbröckchen-Geben oder Auf-den-Arm-Nehmen macht das erste Angeleintsein schnell zur Nebensache.

Die Leine als Nebensache

Im nächsten Schritt lernt der Welpe an der lockeren Leine entspannt neben dem Menschen zu laufen. Die Leine sollte dazu so lang sein, dass sie beim Losgehen keinen Ruck erzeugt und dem Welpen genügend Freiraum, also Zeit zum Nachfolgen bleibt. Schließlich sind seine Sinnesleistungen noch nicht ausgeprägt und seine Reaktionen manchmal unkontrolliert und langsam.

Die freundlich hohe Stimme, mit der man den Welpen bisher zum Herankommen oder freudigen Nachfolgen motivierte, kennt er schon. Nun ist es ein Leichtes, den kleinen Hund zu ermuntern, dem Menschen nachzufolgen, während er angeleint ist. Es liegt am Hundeführer, ihn so zu begeistern, dass er dabei Halsband und Leine gar nicht bemerkt und völlig vergisst. Das funktioniert natürlich nur, wenn der Welpe sich auch ohne Leine dazu motivieren lässt, zu seinem Menschen (zuerst der Züchter, später der Besitzer) zu kommen beziehungsweise bei ihm zu bleiben und mitzulaufen.

Für diesen Parson Russell ist Angeleintsein schon die normalste Sache der Welt.

Die erste „Bleib"-Übung

„Grüne" und „rote" Bereiche

Bereits im Alter von fünf bis sechs Wochen wird den Welpen der grundlegende Unterschied von „grünen" (erwünschten, richtigen) beziehungsweise „roten" (unerwünschten, falschen) Bereichen auf ruhige und sanfte Art und Weise vermittelt. Das Deckchen, auf dem die Welpen sowieso gerne liegen und auf dem alle Welpen Platz haben, wird zum „grünen Bereich" erklärt und alles außerhalb der Decke ist der „rote Bereich".

Nicht der Rasen, sondern die Decke ist der grüne Bereich.

„Ja" und „Nein"

Will einer der Welpen von der Decke herunter, dann stoppt man ihn sanft mit der Hand am Rand der Decke und sagt „Nein". Bleibt er auf der Decke, folgt sofort das freundliche „Ja, das ist richtig". Wieder hilft die Binärsprache (vgl. S. 64), genauso wie bei der „Überwachung" der „Futterschüssel-Fressbar". Bleibt der eine oder andere Welpe nicht auf der Decke, hebt man ihn vorsichtig dorthin zurück und sagt dabei wieder freundlich „Ja". Natürlich geschieht dies sehr sanft, immer angepasst und nicht übertrieben laut.

Dieses Auf-der-Decke-Bleiben sollte nicht ständig eingefordert, sondern nur ab und zu geübt werden.

Grundlage für „Ablegen!" und „Bleib!"

Auch ein Raum wie zum Beispiel die Küche kann zum „roten Bereich" erklärt werden. So ist an dem einen Ort (zum Beispiel Welpenzimmer) der Aufenthalt in Ordnung und wird mit einem „Ja" belegt, während der Welpe außerhalb dieses Ortes/Zimmers nicht sein darf.

Warum das Ganze? Hier wird die erste Grundlage für ein später sicheres und entspanntes Abliegen oder „Bleiben" gelegt, das der jagdlich geführte Hund können muss. Er lernt schon sehr früh zu akzeptieren, dass er in seinem Freiraum eingeschränkt wird.

Wichtige Prägeschritte vor der Abgabe

- **Entdeckung des Umfeldes**
- **Gewöhnung ans Autofahren**
- **Halsband und Leine**
  - Halsband anlegen und abnehmen
  - Erstes Leine-Gehen
- **Erstes „Bleib"**
  - Roter und Grüner Bereich

Wechsel vom Züchter zum Halter

Die Fahrt ins neue Zuhause wird von beiden Seiten sorgfältig vorbereitet. Der Züchter nimmt die Decke oder das T-Shirt aus der Wurfkiste und schneidet für jeden Welpen ein Stück Stoff großzügig heraus. Mit diesem Stückchen Heimat fällt es dem Welpen leichter, sich an sein neues Umfeld zu gewöhnen. Damit die Fahrsicherheit und die Versorgung des Welpen während der Heimreise gewährleistet ist, nimmt der neue Hundehalter in jedem Fall eine Begleitperson mit.

Bald werden wir abgeholt.

Fahren ohne Stress

Jeglicher Stress beim Autofahren sollte vermieden werden. Die Welpen kennen Autofahren zwar schon, doch prägen sich positive wie negative Erfahrungen nach wie vor ein und bestimmen das zukünftige Verhalten des Hundes beim Autofahren. Mit der Übernahme des kleinen Hundes liegt es jetzt in Ihrer Hand, wie sich der weitere gemeinsame Weg mit Ihrem Welpen gestaltet.

Anton Fichtlmeier holt seinen Foxl Terrie ab. Bevor es losgeht, kommt man sich ruhig und entspannt näher.

Der Neustart und erste Erziehungsschritte

Die erste Eingewöhnung

Exzellente Vorprägung

Sie haben jetzt also einen Welpen zu Hause, der im Idealfall vom Züchter optimal gefördert wurde, wie in den vorausgegangenen Kapiteln beschrieben. Der Welpe

- lässt sich überall berühren, auf den Arm nehmen, Sie können ihn abliebeln. Er nimmt freudig Blickkontakt auf, lässt sich auf den Rücken legen, am Bauch und Hals kraulen usw.,
- kommt freudig angesaust, sobald Sie pfeifen, „Honolulu" rufen, mit der Zunge schnalzen oder in die Hocke gehen und die Arme ausbreiten,
- orientiert sich an Ihnen, schaut sich zu Ihnen um und ist bei Ausflügen im Revier oder bei Spaziergängen stets bemüht, Kontakt zu halten,
- gibt gerne Beute ab, überlässt sie Ihnen bereitwillig, will für Futter tauschen,
- bevorzugt es, sich draußen auf natürlichem Grund zu lösen,
- kennt Katzen und Kinder,
- kennt Umwelt- und evtl. auch Schussgeräusche,
- hatte Kontakt mit Wasser,
- kennt Leine und Halsung,
- ahmt Ihr Verhalten nach; wenn Sie beispielsweise mit der Nase am Boden schnüffeln, wird er es Ihnen gleichtun.

Die Hundebox kennt die Weimaranerhündin schon vom Züchter als vertraute Höhle.

Alles ist neu

Für den Welpen bricht eine neue Ära an. Mutter und Geschwister sind weg, seine vertrauten Bezugspersonen nicht mehr da. Sein erster Kontakt mit seiner neuen Familie ist aufregend. Alle wollen ihn kennenlernen. Jeder ist begeistert, jeder will mit ihm schmusen, ihn berühren oder auf den Arm nehmen. Aber Vorsicht! Das kann den Neuankömmling schnell überfordern. Er wird schon durch die Fahrt und alles Neue, was er an diesem Tag erlebt hat, ziemlich geschafft sein.

Gehen Sie es also langsam an und lassen Sie ihm Zeit, sich sein neues Zuhause in Ruhe anzusehen. Lassen Sie ihn gleich sein erstes Geschäft auf natürlichem Untergrund verrichten. Erst nach und nach verbringt nun jedes Familienmitglied etwas Zeit mit ihm. So können sich alle in Ruhe beschnuppern und kennenlernen. Zeigen Sie dem kleinen Vierbeiner dann seinen neuen Schlafplatz, legen Sie das mitgebrachte Stück von der Decke oder dem T-Shirt dorthin, damit er von einem vertrauten Geruch umgeben ist, und gönnen Sie ihm etwas Ruhe und Schlaf.

So ruhig und liebvoll wie hier sollte der Welpe nach und nach von allen Familienmitgliedern begrüßt werden.

Der Welpe braucht Zeit

Ebenso wie der Züchter müssen auch Sie und Ihre Familie sich für den Zögling jetzt erst einmal viel Zeit nehmen, damit Sie ihn an das neue, fremde Umfeld und den Familienrhythmus gewöhnen. Für ein gutes Verständnis miteinander und einen optimalen Start ist es besonders wichtig, dass Sie die bereits begonnene Arbeit des Züchters fortsetzen und dessen Rituale, Übungen und Signale übernehmen.

Wichtig

Denken Sie bitte immer daran: Der Welpe benötigt noch viel Ruhepausen und hat ein hohes Schlafbedürfnis. Lassen Sie also den Hund, wenn er schläft, in Ruhe und beschäftigen Sie ihn nicht dauernd.

Stubenreinheit festigen

Ihr Welpe kommt so gut wie stubenrein zu Ihnen ins Haus, denn beim Züchter wurde bereits vorgearbeitet. Nun müssen Sie die Stubenreinheit festigen. Das heißt für Sie nichts anderes, als mit- oder noch besser vorauszudenken. Blättern Sie zurück und lesen Sie noch einmal nach, wie der Züchter vorgegangen ist (s. S. 22). Wenn Sie zum Beispiel den neuen Mitbewohner im Haus gefüttert haben, motivieren Sie ihn, sobald er fertig gefressen hat, Ihnen nach draußen auf den Rasen zu folgen. Fordern Sie ihn mit den Worten „Mach Bächlein“ oder wie es der Züchter getan hat dazu auf, sein Geschäft zu verrichten. Tut er es, loben Sie ihn mit einem bestätigenden „So schön Bächlein“. Und bevor abends alle zu Bett gehen, lassen Sie ihn ebenfalls noch einmal vor die Tür, am besten an den Platz, an dem er sich schon tagsüber gelöst hat. So helfen Sie ihm und er weiß, was er tun soll.

Wenn's mal schiefgeht

Natürlich kann es immer Mal passieren, dass Ihr neues Familienmitglied es in den vier Wänden „laufen lässt". Das ist aber dann nicht allein die Schuld des Welpen. Suchen Sie die Fehler immer zuerst bei sich selbst, schließlich wurde Ihnen keine Maschine, sondern ein Lebewesen überlassen. Der Rhythmus sich zu lösen muss sich bei einem acht Wochen alten Welpen erst einstellen, denn Blase und Darm haben noch nicht genügend Fassungsvermögen, um einen längeren Zeitraum zu überbrücken. Deshalb müssen Sie tagsüber anfangs alle ein bis zwei Stunden mit ihm ins Freie. Ebenso nach dem Fressen, nach jeder längeren Schlafphase, nach einem Sozialspiel oder einer anderen aufregenden Sache. Und zwar wirklich jedes Mal.

Auf dem Ansitz

Wenn Sie auf eine Kanzel aufbaumen und sichergehen wollen, dass der vierläufige Jagdbegleiter dann nicht „muss", ist es hilfreich, wenn der Welpe sich vorher durch „Mach Bächlein" zum Lösen veranlassen lässt. Hat sich der Welpe vorher gelöst und wird er beim Ansitz dennoch unruhig, ist es wahrscheinlich nicht die Blase, die drückt, sondern Wild, das heranwechselt.

Im Blick behalten

Beobachten Sie den kleinen Racker. Wenn er mit der Nase auf dem Boden suchend im Zimmer umherläuft oder im günstigsten Fall sogar leise winselnd an der Tür steht und wenn Sie ihn immer im Blickfeld haben, werden Sie an seinem Verhalten bald ablesen können, wann er nach draußen muss.

Nachts nicht alleine lassen

Wichtig

Löst sich der Welpe doch einmal im Haus, tadeln Sie ihn dafür nicht! Seine Nase in die Urinpfütze zu stupsen, ist auch nicht angesagt, sondern Unfug! Beobachten Sie stattdessen Ihren neuen Mitbewohner und lernen Sie, ihn zu lesen und vorauszuahnen, wann es dringend wird.

Lassen Sie Ihren Welpen in den ersten Wochen nachts nicht alleine. Er braucht Nähe und Geborgenheit, denn er hat bisher noch nie alleine geschlafen. Enger Körperkontakt und Nähe vermitteln Sicherheit und Vertrauen. Bei uns schläft ein Welpe in den ersten Wochen immer eng an uns gekuschelt im Arm. So erfährt er engsten Körperkontakt als etwas Positives und lässt sich auch später, zum Beispiel durch Kinder, problemlos mit den Armen umschlingen und drücken.

Sie können Ihren Welpen anfangs in der Nacht auch in einem hohen Karton, aus dem er aus eigener Kraft nicht hinauskommt, neben Ihrem Bett platzieren. Der Karton ist bequem ausgepolstert und auch die Decke oder das T-Shirt inklusive Familiengeruch fehlt nicht. Wird der Hund unruhig und will herauskrabbeln, strecken Sie zuerst Ihre Hand zu ihm hin und berühren ihn sanft. Oft beruhigt sich der Welpe wieder und schläft weiter. Er fühlt sich vielleicht einsam und will nur sichergehen, ob Sie noch in seiner Nähe sind. Legt sich seine Unruhe nicht und kratzt er am Karton oder jault, ist es in aller Regel höchste Zeit, aufzustehen und mit ihm rauszugehen. Wahrscheinlich

Körperkontakt ist wichtig, daher sollte viel mit dem Welpen gekuschelt werden. Die Weimaranerhündin genießt das. In einigen Monaten wird sie größen- und gewichtsbedingt diesen Platz nicht mehr einnehmen können.

muss er sich lösen und will sein eigenes Lager nicht beschmutzen. Damit auf dem Weg nach draußen kein Unglück passiert, nehmen Sie ihn einfach auf den Arm, setzen ihn draußen auf die Wiese und unterstützen ihn wieder mit dem Zaubersatz wie „So brav Bächlein!"

Zwinger ja oder nein?

Vor allem in den ersten Wochen nach Trennung von Mutter und Wurfgeschwistern raten wir davon ab, einen Welpen allein im Zwinger unterzubringen. Warum? Wird ein Welpe von einem Tag auf den anderen oder zu früh alleine gelassen, kann es zu Stress und unter Umständen zu Trennungsängsten kommen. Die ersten Wochen des Welpen im neuen Heim sind entscheidend für seine Prägung auf den Menschen. Zwingerhaltung stellt immer eine Isolation von der Familie dar und muss durch regelmäßige Auslastung und intensive gemeinsame Aktivitäten ausgeglichen werden.

Die Zwingeranlage muss moderne Standards erfüllen, genügend Auslauf bieten und ein gemütliches Hundehaus haben.

Langsame Gewöhnung

Wenn Sie auf eine zeitweise Zwingerhaltung nicht ganz verzichten möchten, gewöhnen Sie Ihren Hund sehr langsam und schrittweise daran. Wie geht das? Zuerst festigen Sie die positive Gewöhnung an die Box im Haus. Der Welpe erhält sein Futter in der geöffneten Box und im besten Fall sucht er sie als Schlafplatz und Rückzugsmöglichkeit auf. Als Nächstes wechseln Sie die Standorte: So steht die Box zum Beispiel nachts im Schlafzimmer und tagsüber nach und nach an unterschiedlichen Stellplätzen. Nach einigen Wochen stellen Sie die Box mit geöffneter Türe und immer, wenn der Racker nach gemeinsamer Aktivität müde ist, für kurze Zeit in den Zwinger, damit sie ihm dort als Schlafhöhle dienen kann. Auch sein Futter erhält er wie gewöhnlich in der Box.

Frühestens ab Zahnwechsel

Steigern Sie nun langsam, aber kontinuierlich die Verweildauer im Zwinger, bis der Hund frühestens nach dem Zahnwechsel oder ab einer gewissen Gewöhnung und Reife etwas länger dort stressfrei verbleibt. Erst dann ist der Zeitpunkt gekommen, ihn zu unterschiedlichen Tageszeiten und später, wenn gewünscht, über Nacht im Zwinger zu lassen (s. S. 9).

Welpe und erwachsener Hund

Es ist immer mit einem gewissen Risiko verbunden, einen weiteren Hund in die Familie zu integrieren, wenn bereits ein oder mehrere Hunde vorhanden sind, denn die komplette Struktur der Gruppe wird sich durch den Neuankömmling verändern. Jeder „Althund" will seine bisherigen Privilegien in der bestehenden Sozialgruppe beibehalten. Ein gut sozialisierter, erwachsener Hund wird zwar meist nachsichtig und sensibel gegenüber einem Welpen sein, er stellt jedoch den Anspruch an den Neuling, mit Respekt behandelt zu werden.

Bei der Zusammenführung eines Welpen mit einem erwachsenen Hund ist der erste Kontakt mit dem oder den Hunden ein vorsichtiges Beschnuppern-Lassen des Welpen. Überlassen Sie den Welpen nicht der Willkür des erwachsenen Hundes, sondern greifen Sie behutsam, aber beschützend ein, sollte er zu sehr bedrängt werden.

Anfangs sollte man bei dem Zusammenführen von Althund und Welpe mit dabei sein.

Anfangs nicht ohne Aufsicht

Lassen Sie einen acht Wochen alten Welpen anfangs nicht unbeaufsichtigt mit dem „Althund“ alleine. Hilfreich ist hier wieder die Hundebox, die der „Neue“ ja schon vom Züchter kennt. Die Box steht dem Kleinen als sichere Höhle und Rückzugsmöglichkeit zur Verfügung und gibt Ihnen die Sicherheit, dass ihm nichts passiert, wenn Sie die Hunde mal kurz alleine lassen müssen.

Vermeiden Sie in den ersten Tagen unkontrollierte Situationen. Der Welpe steht erst einmal unter Ihrem Schutz, vergleichbar mit der Mutterhündin, die auf ihre Welpen aufpasst. Wichtig: Der oder die älteren Hunde dürfen nicht in ihren Privilegien (Aufmerksamkeit, Liegeplätze, Streicheleinheiten, Futterplatz etc.) beschnitten werden.

Fehlverhalten reglementieren

Fehlverhalten des Welpen muss von Ihnen reglementiert werden, aber auch die erwachsenen Hunde dürfen und müssen den Welpen korrigieren, jedoch immer entsprechend angepasst. Normalerweise ist die Hundegruppe nach ein paar Tagen aufeinander eingespielt, dann verläuft der Alltag harmonisch, das Regelwerk greift.

Der Welpe lernt sofort, dass auch die Katze zur Familie gehört und nicht gejagt wird. Attackiert er sie, beschützt die Familie die Katze und weist den Welpen in seine Schranken.

Der Welpe und die Familie

Ihr Welpe soll Mitglied in der Familie werden. Damit das reibungslos klappt, sind ein paar Grundsätze zu beachten.

Welpe und Kinder

Sind kleine Kinder im Haus, muss in den ersten Monaten sehr sensibel darauf geachtet werden, wie sich diese (vor allem Kleinkinder) gegenüber dem Welpen verhalten. Alle schlechten Erfahrungen und Grobheiten wie an der Rute ziehen, nach dem Welpen schlagen oder treten etc. können sich dem Welpen unter Umständen einprägen und tief sitzende, negative Verknüpfungen im Gehirn bewirken. Später, wenn er älter und reifer ist, lässt er sich manches vielleicht nicht mehr gefallen und versucht durch Knurren oder Schnappen diese Stress-Situationen auf seine Art zu lösen. Kinder erforschen die Welt. Welpen sollten nicht ihr Forschungsobjekt sein. Ihre Verantwortung als Erwachsener ist es, dies zu beaufsichtigen und rechtzeitig einzugreifen.

Wichtig

Setzen Sie sich zusammen und halten Sie Familienrat. Der jagende Part erklärt den nicht jagenden Familienmitgliedern, wie er seinen Hund einsetzen will und auf welches Verhalten er sich verlassen muss, um im Ernstfall den Hund als verlässlichen Partner an seiner Seite zu haben.

Kleinkinder neigen manchmal dazu, den Welpen unvermittelt zu kneifen, zu pieksen oder zu schlagen. Auch deshalb dürfen Welpen und Kleinkinder nicht unbeaufsichtigt sein.

Die ganze Familie zieht an einem Strang

Der überwiegende Teil unserer jagdlich geführten Hunde verbringt den größten Teil seines Lebens im Hausstand mit der Familie und nicht im Revier. Viel mehr als früher muss der Jagdhund heute zum einen die jagdlichen Anforderungen erfüllen und zum anderen „alltagstauglich" sein. Daher sollten alle Familienmitglieder an einem Strang ziehen und die Förderung des jagdlich erwünschten Verhaltens, vor allem das Verhalten „ vor dem Schuss" unterstützen. Dazu zählen das Aufspüren und Hochmachen von Wild, Ruhe und Steadiness, Führigkeit, Leinenführigkeit, der Gehorsam und nach dem Schuss der konzentrierte Einsatz der Nase auf der Nachsuche, die Hetze mit Niederziehen beziehungsweise Greifen des Wildes und der Apport.

Der Spagat: Jagd – Familie

Sehr wichtig sind auch die Wünsche des Lebenspartners, der den Hund täglich führt, und die der Kinder, die in ihm einen Sozialpartner sehen. Hier zählt vor allem das freundliche und soziale Wesen des Hundes, die Leinenführigkeit und der Gehorsam. Ein nicht gerade einfacher Spagat zwischen Jagd und Familie. Damit der Hund auch außerhalb des jagdlichen Einsatzes gehorsam und ausgeglichen ist, sollte er entsprechend beschäftigt werden und lernen, Jagdsituationen von Aktivitäten mit der Familie zu unterscheiden. Dann ist der optimale Lebensraum für den Vierläufer geschaffen.

Welpenentwicklung: Sozialisierungsphase

Die *Sozialisierungsphase* unterteilt sich in zwei Abschnitte. Nach der sogenannten Prägungsphase folgt der zweite Teil der Sozialisierungsphase, der bis zur zirka 14. bis 18. Woche andauert. Prägungs- und Sozialisierungsphase gehen wie ein „fließender Prozess" nahtlos ineinander über. In diesem sensiblen Zeitraum liegt eine große Verantwortung beim Züchter und beim Hundehalter, denn beide beeinflussen die Entwicklung der Welpen nachhaltig, positiv wie negativ.
Der Besitzer muss bei dem Welpen dort anknüpfen, wo der Züchter aufgrund des Wechsels aufgehört hat, also dem Welpen weiterhin zahlreiche Umweltreize anbieten, ihn wichtige Regeln des Soziallebens mit Menschen und Artgenossen lehren und ihm klare Regeln und Grenzen vorgeben. Der Welpe muss erzogen werden. Parallel dazu fördert der Besitzer in den nächsten Wochen die jagdlichen Anlagen.

Wichtige Prägungsschritte ab 9. Woche

Eingewöhnung

- Stubenreinheit festigen
- Welpen in die Mensch-und-Hunde-Familie integrieren

Binärsprache, Tauschen und Nachgeben

Gutes Benehmen – keine Selbstverständlichkeit

Kein Welpe bekommt gutes Benehmen in die Wurfkiste gelegt. Jetzt sind Sie und Ihre Familie an der Reihe, die vom Züchter gelegte Basis weiter auszubauen. Stellen Sie vom ersten Tag an Regeln auf. Setzen Sie Ihrem Welpen klare Grenzen, auch wenn er seinen Charme spielen lässt, denn er soll sich von Anfang an in die bestehende Ordnung einfügen.

Binärsprache: klar und eindeutig

Kommunizieren Sie Ihrem Hund über die Binärsprache (s. S. 64) absolut klar, was erwünschtes und was unerwünschtes Verhalten ist. Und das immer! Eine solche Umgangsweise festigt nicht nur die soziale Kompetenz des Hundes, sondern erleichtert auch seine Führung im Jagdbetrieb. Wenn Sie Hunde beobachten, dann sehen Sie, dass diese es ausgezeichnet verstehen, deutlich und präzise ihre Interessen zu wahren und ihre Gestimmtheit „das gefällt mir" beziehungsweise „das gefällt mir nicht" in blitzschnellem Wechsel zu äußern. Nehmen Sie sich das zum Vorbild. Achten Sie darauf, dass Ihre Verhaltensmuster und Ihre Stimmung dabei eindeutig übereinstimmen und wirklich das Gleiche aussagen.

Ein Beispiel: Wenn ein Welpe anfängt, an einem Stuhlbein zu nagen, sagen oder brummen Sie ein missmutiges „Nein". Normalerweise wird er sofort zu Ihnen aufschauen und mit dem Knabbern aufhören. Genau in dem Moment, in dem er Sie anschaut, hört er von Ihnen ein belohnendes, mit hoher Stimme ausgesprochenes, freudiges „Jaaa". Und schon sind wir mittendrin in der Binärsprache, in der dem jungen Hund mit „Ja" von Ihnen vermittelt wird: „Ich mag es, wenn du mich ansiehst, weiter so", während er mit „Nein!" eine klare Ablehnung erfährt.

Klarstellen: Sie haben das letzte Wort!

Um bei dem Beispiel mit dem Anknabbern des Stuhlbeins zu bleiben: Wenn der Welpe nach dem Aufschauen und Ihrem „Ja" wieder mit der Knabberei beginnt, brummen Sie erneut ein missmutiges „Nein". Wahrscheinlich wechseln „Ja" und „Nein" einige Male hin und her, aber Sie bleiben dran. Irgendwann wird der Welpe die Stuhlbeinnagerei lassen.

Ihre Konsequenz wird sich auszahlen. Bei der nächsten Stuhlbeinattacke wird der Welpe bereits früher einlenken, weil er gelernt hat, dass es nicht lohnt, mit Ihnen zu diskutieren. Es ist Ihre Umgangs-

Nicht jedes Fehlverhalten muss bestraft werden. Manchmal hilft auch ignorieren.

Binärsprache

Basiserziehung über Binärsprache

Kommunikation unter Hunden funktioniert nach dem binären Prinzip. Entweder ist etwas positiv (= richtig) oder es ist negativ (= falsch). Die Binärsprache arbeitet also immer nach demselben Prinzip, es geht um zwei entgegengesetzte Zustände: positiv oder negativ.

Unterscheidbar und ...

Diese beiden gegensätzlichen Pole, positiv und negativ, müssen deutlich unterscheidbar sein. Ihr Hund muss also an Stimme, Körpersprache und Ihrer Gestimmtheit deutlich erkennen können, ob Sie ihn loben (= positive Signale), oder mit seinem Verhalten nicht einverstanden sind (= negative Signale). Vielen Menschen ist gar nicht bewusst, dass sie durchwegs in ein- und derselben Stimmlage loben und tadeln. Welche Schlüsse soll ein Hund daraus ziehen? Wer „nein" flötet oder „ja" knurrt, kann vom Hund nicht verstanden werden! Überprüfen Sie daher, ob man bereits an Ihrer Stimme erkennen kann, ob Sie loben oder tadeln.

... eindeutig

Eindeutigkeit und Übereinstimmung der Signale auf allen Ebenen (Sprache, Geste, Mimik und innere Gestimmtheit etc.) sind ausschlaggebend für das Funktionieren der von uns entwickelten und an das Hündische angelehnten Binärsprache. Damit ist garantiert, dass der Hund Ihre Signale eindeutig „verstehen" und „beantworten" kann. Wenn Ihre Signale jedoch in sich widersprüchlich sind, weil Sie zum Beispiel eine den Hund bedrängende Körpergeste mit einer positiven Lautäußerung koppeln, verwirren Sie ihn.

Positiv und Negativ im raschen Wandel

Um „hündisch" zu sprechen, sollten Sie Ihre Reaktionsgeschwindigkeit trainieren und perfektionieren. Sobald Ihr Hund aufgrund Ihrer Unmutsäußerungen von einem unerwünschten Verhalten ablässt, müssen Sie augenblicklich in die positive Signalgebung wechseln. Achten Sie einmal darauf, ob Sie noch „hinterherschimpfen", wenn der Hund bereits von dem unerwünschten Verhalten abgelassen hat. Nur wenn Sie den schnellen Wechsel zwischen positiv und negativ beherrschen, werden Ihre Signale zum richtigen Zeitpunkt gegeben und somit vom Hund korrekt verstanden und entsprechend beantwortet. So können Sie Ihren Welpen in all seinen Aktivitäten beeinflussen, lenken und leiten. Das Ergebnis ist ein sozialverträglicher Partner in allen Bereichen.

Binärsprache auf einen Blick

- Die Binärsprache muss klar und eindeutig sein.
- Die Verhaltensweisen (Signale des Menschen) müssen vorhersehbar und verlässlich sein.
- Alle gesendeten Signale (Körper, Geste, Mimik, Stimme) müssen übereinstimmen.
- Der schnelle Wechsel zwischen positiv und negativ im richtigen Moment ist wichtig.

weise mit den Kleinigkeiten im Alltag, die dem Welpen vermitteln, dass nicht alles nach seinem Willen geht und er nur den Freiraum hat, den Sie ihm zugestehen.

Leben Sie das mit hundertprozentiger Konsequenz, damit Ihr Jagdhelfer später gehorcht und die wirklich großen, wichtigen Kommandos zuverlässig in die Tat umsetzt. Im Welpenalter wird die Basis dafür gelegt, ob Ihr Hund später auf Pfiff zu Ihnen zurückkehrt oder weiter Vollgas gibt.

Im Klartext: Wenn Sie bereits bei den relativ unwichtigen Dingen wie einer Stuhlbeinknabberei nachgeben und Ihr Hund das letzte Wort behält, wie können Sie dann ernsthaft erwarten, dass er beim flüchtenden Hasen auf Ihren Pfiff hören wird?

Interaktionen und Kontakte

Tauschgeschäfte statt Zerrerei

Auch soziale Interaktionen und Kontakte werden von Ihnen so gesteuert, dass sie sanft und ruhig ablaufen und immer in einem positiven Körperkontakt enden. Lassen Sie sich nicht auf ruppige Rauf- oder Zerrspiele ein, nicht mit Spielzeug und schon gar nicht mit Wildteilen. Machen Sie klar, dass Sie es nicht nötig haben, sich, auch wenn es nur spielerisch sein soll, um Beute wie zum Beispiel einen Fuchsbalg zu streiten.

Stellen Sie Ihre Position nicht selbst infrage, sonst kann es passieren, dass Ihr Hund später, wenn Sie mit ihm an den frisch erlegten

Trainiert man beim Welpen herzhaftes Zupacken und Festhalten, kippt das schnell in konkurrierendes Verhalten um.

Rehbock herantreten, Ihr Anrecht auf die Beute anzweifelt und Ihnen mit Knurren oder gar Schnappen signalisiert: „Das ist meine!“ Überlassen Sie ihm also keinen Balg oder Ähnliches zur freien Verfügung. Lassen Sie nicht zu, dass er Wildteile in sein Körbchen schleppt und nicht wieder hergibt. Nimmt der Welpe etwas an sich und will es Ihnen nicht überlassen, bieten Sie ihm ein Leckerchen zum Tauschen an. Wenn Ihr Welpe trotz angebotenem Futter Probleme mit dem Beute-Überlassen zeigt, war das Futter nicht bedeutend genug. Versucht er Sie zum Beispiel durch Imponiertragen in Frage zu stellen, hilft meistens ein lautes energisches „Pfui!“. Stellt der Welpe sein Verhalten ein, bietet man ihm sofort Futter im Tausch an.

Beißhemmung

So mancher kleine Racker beißt in alles, was er zwischen die Zähne kriegen kann, und dazu gehören auch die Hände, Arme und Füße seines Menschen. Wir kennen viele Welpenbesitzer, die bereits nach den ersten Tagen aussehen, als hätten sie sich ohne Handschuhe durch eine Dornenhecke gearbeitet.

Keine Verletzungen durch ein unsensibles Maul!

Doch wie kann man den kleinen Rabauken davon abbringen, mit seinen spitzen Zähnchen die Haut seiner Menschen zu verletzen?
Die Art und Weise, wie ein Hund mit seinem Maul agiert, kann ihm beigebracht werden. Sie werden schnell bemerken, wie angenehm es ist, wenn ein Hund sein Maul sensibel einsetzt und nicht grob und undifferenziert nach allem schnappt, was ihm von Hand gereicht wird. Wir nennen das „differenzierender Griff“ und legen großen Wert

Hunde wissen ihr Maul ähnlich differenziert zu nutzen wie der Mensch seine Hand.

darauf, dass bereits der Welpe lernt, sein Maul mit den noch spitzen Zähnchen behutsam einzusetzen.

Beißhemmung weiterentwickeln

Eine Veranlagung zur Beißhemmung ist beim Hund prinzipiell vorhanden. Sie ist eine wichtige Funktion im sozialen Kontakt unter Artgenossen und natürlich auch im Umgang mit dem Menschen. Schon früh macht ein Welpe die Erfahrung, dass ein zu festes Zubeißen gegenüber seinen Wurfgeschwistern mit Quietschen oder Kontaktabbruch beantwortet wird. Beißt der Rabauke noch einmal unsensibel zu, beißt der andere zurück. Das Quietschen, ein Sich-Abwenden oder eine Gegenattacke des anderen bewirken, dass der Welpe im weiteren Umgang vorsichtiger und sanfter wird. So lernt er spielerisch beim Raufen, Kneifen und auch mal Zubeißen seine Grenzen kennen. Welpen, die in den ersten Wochen ihres Lebens isoliert, ohne Artgenossen oder ohne Reglementierung durch den Menschen aufwachsen, zeigen hier oft deutliche Defizite.

Vermitteln Sie Ihrem Welpen, dass wir Menschen noch sensibler reagieren als seine Geschwister, denn unsere Haut ist schließlich nicht durch Fell geschützt. Nutzen Sie die Veranlagung des Hundes zur Beißhemmung, fordern Sie ihn spielerisch heraus und zeigen Sie ihm dabei durch Ihr Verhalten deutliche Grenzen auf.

Wichtig

Bringen Sie Ihrem Welpen bei, Futter vorsichtig aus Ihrer Hand zu nehmen. Gestatten Sie nicht, dass er aufgeregt nach dem Leckerchen schnappt. Später werden Sie das sanfte Nehmen und das saubere Apportieren von Wild des erwachsenen Hundes genießen.

„Auaaah – das tut weh!“

Attackiert Ihr Welpe Sie durch ein aufforderndes Zwicken in die Fersen oder Waden, genügt zumeist ein lautes, hohes, quietschendes und wehklagendes „Au-auuu-auuuh“. Geben Sie vor, es hätte schrecklich wehgetan, damit Ihr Schmerzenslaut bei ihm wirklich überzeugend ankommt.

Stellt er sein Verhalten trotzdem nicht ein, können Sie ein warnendes, tiefes Knurren von sich geben. Wird auch dieser Warnlaut ignoriert, wird den Rabauken sicher ein energisches „Pfui“, und wenn das alles nicht ausreicht, ein deutlicher Klaps mit der Hand zur Ruhe bringen. Ausschlaggebend für die Überzeugungskraft Ihrer Reaktion ist immer, dass Ihre Signale klar und eindeutig sind. Ein halbherziges Reglementieren vermittelt vielen Hunden kein unmissverständliches: „Lass das sein!“

Allein durch Ignorieren lässt sich das Beißen ins Hosenbein in der Regel nicht abstellen.

Sozialkontakt positiv entwickeln

Die Art des Sozialspiels und die allgemeine Umgangsweise aller Familienmitglieder mit dem Welpen entscheiden darüber, wie sanft oder ruppig er sich dabei zeigt. Um emotionales Wohlbefinden beim Welpen zu fördern, können Sie mit ihm auf dem Boden balgen. Dabei sollte dem Welpen, wenn er zu grob wird, ein sofortiges Stoppen des Sozialspiels verdeutlichen, dass sein Verhalten nicht gebilligt wird und

1 Lustbetontes Balgen mit dem Hund schafft soziale Nähe.

2 Sanft, aber bestimmt wird der Freiraum des Welpen eingeschränkt. Das fördert seine Nachgiebigkeit.

zum Abbruch des Spiels führt. Vergessen Sie aber nicht, den Welpen durch eine positive Reaktion, ein freudiges „Ja“, Ihrerseits zu bestätigen, sobald er das zuvor gezeigte unerwünschte Verhalten einstellt.

Nachgiebigkeit fördern

Ein Hund muss bereits im Welpenalter lernen, dass eine Konfliktsituation mit Mensch oder Artgenosse vor allem dadurch entschärft werden kann, dass er sich zurücknimmt, nachgibt oder zurückweicht. Die Basis für Nachgiebigkeit wurde beim Welpen bereits durch die Mutterhündin einstudiert, wenn diese nur durch einen strengen Blick ein Sich-auf-den-Rücken-Legen einforderte und sich augenblicklich entspannte, wenn ihr Sprössling dem nachkam. Stellvertretend für die Hündin sollte jetzt der Mensch diesen Dialog fortsetzen.

Nachgiebigkeit fördern – ein Beispiel

Nehmen Sie Ihren Welpen einfach mal auf den Arm und warten Sie ab, bis er unruhig wird und wieder runter will. Jetzt halten Sie ihn mit sanfter Bestimmtheit so lange auf dem Arm, bis er nachgibt und sich entspannt. Genau in dem Moment, in dem er sich entspannt, kraulen Sie ihm sanft das Bäuchlein. Warten Sie jetzt noch einen Augenblick, bis Sie ihn wieder auf den Boden setzen. *Sie* haben entschieden, wann der Welpe wieder auf die Erde gelassen wird – und nicht er.

Gibt der Hund auf feinste Impulse nach, gibt auch der Mensch sofort nach!

Den Rahmen für das soziale Miteinander steckt immer der Mensch aufgrund seiner natürlichen Überlegenheit ab. Diese deutliche, sanfte und beschützende Überlegenheit, die keine rein körperliche, sondern vor allem eine mentale sein sollte, hat eine wichtige Funktion, wenn auf „spielerische" Art wesentliche Übereinkünfte zwischen Mensch und Hund getroffen werden.

1 Der Welpe sitzt ruhig und souverän, während sich der Hundeführer rückwärtsgehend entfernt.

2 Auf dieses Signal hat der Kleine Münsterländer gewartet: In-die-Hocke-Gehen und ausgebreitete Arme bedeuten Herankommen und Futter.

Herankommen

Ein schnelles Herankommen auf ein Laut- und/oder Körpersignal ist für den späteren jagdlichen Einsatz und für den Alltag sehr wichtig.

Grundlage: die Vorprägung

Der Züchter hat bereits die Grundlagen geschaffen, darauf kann jetzt aufgebaut werden. Deshalb werden bei den Spaziergängen von allen Familienmitgliedern die dem Hund bereits vertrauten Signale angewendet. Zum Beispiel für ein freudiges Herankommen das Pfeifen, das „Honolulu"-Rufen oder das „In-die-Hocke-Gehen". Werden die jeweiligen Signale durch eindeutiges Verhalten richtig eingesetzt, kann und wird der Welpe sich freudig an diesen orientieren und herangesaust kommen.

Wenn der Welpe nicht kommt ...

Ignoriert Ihr Welpe Sie oder wendet er sich von Ihnen ab, während Sie ihn mit freundlich motivierender Stimme rufen, setzen Sie die Binärsprache ein. Das heißt, Sie wechseln sofort vom positiven in den negativen Zustand. Der negative Zustand ist gleichbedeutend mit einer Warnung. Für Ihren Azubi muss dabei jedoch immer klar sein, worauf sich diese Warnung bezieht. Um ihm durch den Warnlaut zu signalisieren, dass Sie sein Sich-Abwenden oder Ignorieren missbilligen, müssen Sie ihn genau in dem Moment warnen, wo er auf Ihr freundliches Rufen mit einem Ignorieren oder Abwenden des Kopfes reagiert. Bleiben Sie so lange negativ (zum Beispiel scharfes „Nein") und steigern Sie ggf. die Intensität (noch schärferes „Nein") – unbedingt angepasst an das Alter des Welpen und die Situation – bis der Welpe reagiert.

Positiv und Negativ in raschem Wechsel

Zeigt er sich nur ein klein wenig verunsichert oder wendet er sich Ihnen wieder zu, wechseln Sie unverzüglich in die positive Haltung und motivieren Ihren Hund jetzt mit allen Tricks, sich Ihnen zu

Die offene Hand mit dem Futter ist der Ersatz für die Zitzen der Mutterhündin.

nähern. Locken Sie ihn mit übertrieben hoher Stimme, rennen Sie dabei von ihm weg, machen Sie den „Hampelmann“ oder Ähnliches. Zeigen Sie ihm überschwänglich mit Körper und Stimme, dass Sie sich freuen. Wenn Sie sich dabei wirklich freuen, wird diese Freude auf Ihren Welpen überspringen und er wird mit wehenden Ohren angesaust kommen. Das dynamische Wechselspiel positiv – negativ vermittelt dem Azubi deutlich und klar: richtig – falsch.

Das Ziel: Kommen auch unter Ablenkung

Nur wenn Ihr Welpe auch unter Ablenkung (also ablenkenden Reizen, die sein Interesse auf sich ziehen) verlässlich zu Ihnen kommt, nachdem Sie ihn dazu motiviert haben, wissen Sie, dass Ihre Signale von ihm auch wirklich verstanden und angenommen werden.

Glauben Sie nicht, dass sich kleine oder größere Ungehorsamkeiten und Unaufmerksamkeiten im Laufe der Zeit von selbst legen werden – im Gegenteil! Reagiert Ihr Welpe nicht augenblicklich auf Ihr Signal für Herankommen, dann testet er entweder „schamlos“ aus, wie weit er seinen Willen durchsetzen kann oder er hat Ihre Signale nicht

Das Negativbeispiel

Sie kennen alle das schlechte Beispiel vom Hundehalter, der entnervt versucht, seinen Hund mit einem schlecht gelaunten „Komm gefälligst endlich her, sonst setzt es was!“ zu sich zu rufen. Und der immer wütender wird, immer negativer in Stimme und drohender in der Körperhaltung. Mal ehrlich, wenn Sie Hund wären – würden Sie da freudig kommen?!

verstanden, fühlt sich verunsichert oder misstraut Ihnen schlimmstenfalls. Kommt der Hund lustlos oder erst nach Signalwiederholung zu Ihnen, überdenken Sie selbstkritisch, ob er Ihre Signale wirklich so verstehen kann, wie sie gemeint sind. Sehen Sie die Reaktion Ihres Hundes immer als Feedback auf die Eindeutigkeit Ihrer Signale.

Aufmerksamkeit verlängern

Das Interesse des Welpen an Ihrem Tun können Sie über wechselnde und deutliche Körpersignale verlängern, indem Sie zum Beispiel: loslaufen, schnell in die Hocke gehen, dem Welpen ein Futterstückchen hinhalten, wenn er herankommt, es ihm geben, wieder aufstehen und losgehen, dann ein weiteres Mal schnell in die Hocke gehen und wieder Futter geben etc. So bleibt es für Ihren Welpen immer spannend zu beobachten, was Sie tun. Da der Welpe schon gelernt hat, auf ein Lautsignal wie beispielsweise das Schnalzen mit der Zunge mit Kontaktaufnahme zu reagieren, können Sie dieses Lautsignal bei jedem Richtungswechsel als zusätzliches Aufmerksamkeitssignal einsetzen.

„Sitz“

Im praktischen Jagdbetrieb gibt es häufig Situationen, in denen der Hund ruhig neben dem Jäger sitzen und ihn nicht stören oder gar behindern soll. Man nennt das *Steadiness*.
So ist es zum Beispiel beim Pirschen hilfreich, wenn der Hund sich beim Stehenbleiben einfach kurz setzt und der Jäger das Umfeld in Ruhe beobachten oder abglasen kann. Der Hund bleibt so lange sitzen, bis der Waidmann seinen Pirschgang fortsetzt.

Belohnen

Ein Hinsetzen bietet der Welpe meist sehr schnell an. Damit er dem bewusst nachkommt, ist es sinnvoll, das erwünschte Verhalten dann zu belohnen, wenn der junge Hund es von sich aus zeigt. So kann er verknüpfen, dass es lohnenswert sein kann, dieses Verhaltensmuster zu zeigen.

Wie geht das? Jedes Mal, wenn der Welpe sich von selbst „hinsetzt“, wird das Sitzen mit Futter belohnt. Passen Sie dabei aber auf, dass er in dem Moment, wo Sie sein Sitzen mit Futter belohnen wollen, nicht aufsteht oder aufspringt und dabei trotzdem sein Futterstück erhält, sonst kann er nicht eindeutig zuordnen, was Sie eigentlich belohnen: Sitzen, Aufstehen oder gar das Hochspringen? Wenn Sie konsequent und eindeutig nur sein Sich-Setzen belohnen, wird er schnell erkennen, was er Ihnen anbieten muss, um an Futter zu kommen.

Der Schweißhund muss bei der Nachsuche im Sitz warten, damit der Hundeführer störungsfrei den Anschuss untersuchen kann.

Geste und Körpersignal für „Sitz"

Um das „Sitz" durch eine Geste auslösen zu können, halten Sie ein Stückchen Futter zwischen Daumen und Mittelfinger und lassen den Azubi kurz daran schnuppern, bevor Sie Ihre Hand mit gestrecktem Zeigefinger langsam hochheben und schräg nach oben weit über seinen Kopf hinwegführen. Er wird mit seinem Blick der Bewegung nach oben folgen und sich dadurch hinsetzen. Sobald er sitzt, geht die Hand sofort nach unten und reicht dem sitzenden Hund das Futter.

Noch deutlicher wird es für Ihren Hund, wenn Sie die Geste für „Sitz" mit einem Körpersignal ergänzen, beispielsweise einem kurzen leichten Beugen der Knie. Später können Sie wahlweise den Zeigefinger heben oder das Körpersignal benutzen oder beides zusammen.

Sind Geste und Körpersignal eindeutig, kann der Welpe auch eindeutig reagieren.

Herankommen und „Sitz"

Jetzt verbinden Sie Aufmerksamkeits-, Herankommens- und Sitzsignal. Durch das Aufmerksamkeitssignal (Schnalzen mit der Zunge) nimmt Ihr Welpe Blickkontakt auf, das „In-die-Hocke-Gehen" motiviert ihn zum Herankommen und das kurze Beugen der Knie oder der hoch erhobene Zeigefinger löst ein „Sitz" aus, welches belohnt wird. Wichtig: Vergessen Sie nicht, Ihren Hund mit einem Signal für „Lauf" wieder freizugeben. Dazu schicken Sie ihn mit einer von Ihnen weg weisenden dynamischen Handbewegung nach vorne

„Sitz"-Übungen

Mithilfe von unterschiedlichen „Sitz"-Übungen, die Sie sich im Laufe der nächsten Lebenswochen mit dem Welpen erarbeiten, erhöhen Sie seine Konzentration auf Ihr Tun, fördern ein längeres Im-Sitz-Bleiben und legen nebenbei die Basis für Steadiness.

Wichtige Prägungsabschnitte ab der 9. Woche

▶ **Erlernen der Binärsprache**
- Sozialen Rahmen vorgeben
- Grenzen setzen

▶ **Erste Erziehungsschritte**
- Tauschen lernen
- Differenzierender Griff
- Beißhemmung
- Nachgiebigkeit fördern
- Herankommen festigen
- Kontakthalten festigen
- „Sitz (Ruhe und Steadiness aufbauen)

Nachdem Sie Ihren Welpen ins „Sitz“ motiviert haben, können Sie
- den Blickkontakt verlängern, bevor der Hund über ein Signal für „Lauf“ freigegeben wird,
- die Futterschüssel vor dem sitzenden Hund abstellen und ihn erst nach Blickkontaktaufnahme fressen lassen,
- sich mit der Futterschüssel entfernen, den Hund aus der Sitzposition heranrufen, ihn wieder ins „Sitz“ motivieren, Blickkontakt abwarten und die Freigabe für das Fressen geben,
  sich entfernen, kurz warten und ihn dann durch das Signal „In-die-Hocke-Gehen“ stumm heranrufen,
- sich entfernen, kurz warten zurückgehen und ihn mit einem Futterstückchen belohnen, Abstände und Zeitspanne langsam vergrößern,
- den Hund im „Sitz“ warten lassen, bis Sie ihn an- oder abgeleint haben.

So sieht ein freudiges Heranrufen des Welpen aus!

Unverzichtbar – die Leine

Ohne Leine geht es nicht

Der Umgang mit der Leine ist sowohl für den Jäger als auch im Alltag für die Familie wichtig.

Im Jagdgebrauch ist es üblich, den Hund an der Umhängeleine zu führen. Beide Hände sind dadurch frei und im optimalen Fall läuft der Hund ohne Einwirkung an lockerem Riemen neben seinem Hundeführer, was übrigens auch Sinn macht. Beim Pirschen durch enges Gehölz, soll der Hund sich so nah an seinem Führer orientieren, dass er ohne weiteres Kommando oder andere Einwirkung, wie zum Beispiel ruckartiges Ziehen an der Leine, zusammen mit ihm links oder rechts an den Baumstämmen vorbeigeht. Dabei soll der Hund sich nicht verheddern, vorprellen oder gar in die Leine springen. Wenn der Hundeführer stehen bleibt, soll der Hund ebenfalls anhalten. Auch bei vielen Jagdhund-Prüfungen wird auf die exakte Leinenführigkeit des Hundes geachtet.

Nicht nur im Jagdgebrauch, auch im Alltag, zum Beispiel in der Stadt beim Einkaufen, ist es angenehm, wenn der Hund an lockerer Leine neben seinem Besitzer läuft, weder Passanten belästigt noch den Halter hinter sich herzerrt, nur weil ein anderer Hund in Sichtweite ist. Zudem bietet die Leine eine gute Hilfe, den Hund sicher durch die Gefahren des Straßenverkehrs zu führen und seinen Freiraum, da wo es durch Leinengebote gefordert ist, zu begrenzen.

Hier ist die Leine wirklich Nebensache.

Anlegen und Abnehmen des Halsbandes

Der Züchter hat schon gute Vorarbeit geleistet, damit dem Welpen Halsband und Leine nicht mehr fremd sind. Darauf bauen Sie jetzt auf.

Das An- und Ableinen ist eine sensible vertrauensvolle Kontaktaufnahme zwischen Mensch und Hund. Gestalten Sie diese Kontaktaufnahme, ebenso wie der Züchter, immer bewusst nach dem Motto der Fichtlmeierschen An- und Ableinpraxis: „Freudig und freiwillig schlüpft der Hund durch das Halsband und auch wieder aus dem Halsband heraus“ (s. S. 50). Lassen Sie sich Zeit, wenn Sie das Halsband nach dieser Methode anlegen und abnehmen und entwickeln Sie durch Ihr immer gleichbleibendes Verhalten ein Ritual, das Ruhe, Blickkontakt, Sicherheit und Vertrauen aufbaut. Praktiziert die ganze Familie diese Methode übereinstimmend und konsequent, wird der Welpe gerne herankommen und sich an die Leine nehmen lassen, völlig stressfrei für Hund und Halter.

Wichtig

Beim Anleinen des Welpen achten Sie darauf, nicht nach ihm zu „grapschen“, denn das kann zu Handscheue führen. Wenden Sie immer die Fichtlmeierschen Anleintechnik an: „Freudig und freiwillig schlüpft der Hund durch das Halsband“.

Blickkontakt ist wichtig

Fördern Sie von Anfang an, dass Ihr Azubi Blickkontakt aufnimmt. Das bauen Sie folgendermaßen auf: Durch das ihm schon bekannte Aufmerksamkeitssignal, das Zungeschnalzen erregen Sie sein Interesse, nach Ihnen zu schauen. Jedes Mal, wenn der Welpe Sie daraufhin

Das In-die-Hocke-Gehen des Hundeführers muss für den Welpen zum auslösenden Reflex werden.

Ein Schnalzen mit der Zunge und das Klopfen auf die Brust bewirken, dass der Welpe Blickkontakt aufnimmt, bevor es losgeht.

ansieht, erhält er sofort ein Stückchen Futter aus der Hand. Wiederholen Sie das über den Tag verteilt mindestens 30- bis 40-mal und setzen Sie es so lange fort, bis es zuverlässig klappt. Verwenden Sie dafür das Futter aus der täglichen Futterration.

Erstes „Stop and Go"

Nachdem Sie dem Hund das Halsband mit angeklinkter Leine nach Fichtlmeier-Art angelegt haben, schnalzen Sie kurz mit der Zunge, damit er Blickkontakt aufnimmt und motivieren ihn mit einer deutlichen „Jetzt-geht-es-los"-Geste, mit Ihnen mitzulaufen. Nach einigen Schritten gehen Sie in die Hocke, ohne dabei nach dem Hund zu sehen, und halten ihm die offene Hand mit einem Futterstückchen hin. Sie können sich dabei auch von ihm wegdrehen, sodass der Hund um Sie herum laufen und Kontakt suchen muss. Im Wechsel laufen Sie jetzt wieder los, gehen schnell in die Hocke, reichen dem Welpen, wenn er herankommt, ein Futterstückchen hin und geben es ihm. Dann stehen Sie wieder auf, gehen los, ein weiteres Mal schnell in die Hocke, geben wieder Futter und so fort.

Erstes Bei-Fuß-Gehen

Nutzen Sie die nächsten Wochen dazu, die Blickkontaktaufnahme und das freiwillige Mitgehen Ihres Azubis, gleichgültig ob mit oder ohne Leine, zu fördern. Machen Sie es wie die Mutterhündin: Tragen Sie Ihrem Welpen nicht Ihre Streicheleinheiten und sein Futter hinterher, sondern bestimmen Sie von Anfang an die Marschrichtung. Fördern

Die Blickkontaktaufnahme des Welpen ist der richtige Moment, um mit einer „Jetzt-geht-es-los"-Geste zu starten.

Sie seine Aufmerksamkeit auch, indem Sie häufig und unvermittelt Ihre Laufrichtung wechseln, sodass er sich bemühen muss, den Anschluss nicht zu verlieren. Läuft er aufmerksam neben Ihnen, können Sie das mit einem freundlich gesprochenen Hörzeichen wie zum Beispiel: „So brav Fuß" koppeln.

Variieren Sie Ihre Geschwindigkeit, indem Sie einmal schnell schreiten und dann wieder im Schneckentempo gehen. Dadurch bleiben Sie interessant. Wenn Sie diese Übungen richtig angehen, wird die Leine für den Welpen zur Nebensache und er wird nicht mehr realisieren, ob er angeleint ist oder nicht.

Wichtig

Können Sie den Welpen nicht motivieren, mit Ihnen mitzulaufen, dann füttern Sie ihm während der nächsten Zeit über den Tag verteilt beim „Stop and Go" Bröckchen für Bröckchen das Futter aus seiner Tagesration.

Ruhe – Steadiness – Standruhe

Klare Regeln fördern Ruhe

Fuß auf die Leine, das Symbol für Ruhe.

Im Jagdbetrieb muss sich Ihr Hund später möglichst in jeder Jagdsituation schnell zur Ruhe bringen lassen und Steadiness zeigen. Die Basis hierzu legen Sie bereits jetzt bei Ihrem Welpen. Durch eine eindeutige Signalübermittlung über die Leine etablieren Sie ein einfaches und dem Hund verständliches Regelwerk für das Einfordern von Ruhe.

Nachvollziehbare Regeln aufstellen

Zuerst einmal lernt der Welpe, mit der Einschränkung seines Bewegungsfreiraumes durch die Leine stressfrei klarzukommen. Welpen reagieren mit Unsicherheit, Irritation oder zeigen Stresssymptome, wenn ihre Erfahrungen an der Leine nicht positiv sind.

Der Welpe hat bereits beim Züchter erfahren, dass die Leine ihn zwar einschränkt, er aber durch Nachgeben die Spannung selbstständig herausnehmen kann. Erkennt ein Hund also, dass die Signale, die er über die Leine erfährt, nachvollziehbaren Regeln unterliegen, kehren sich die vielleicht anfangs für ihn „negativen“ Aspekte ins Positive um. Schnell lernt der Welpe, dass ihm eine Art „Mitspracherecht“ eingeräumt wird und er selbst Einfluss auf Spannung und Entspannung der Leine nehmen kann.

In der Ruhe liegt die Kraft

Ein wichtiger Baustein unserer Leinenmethode ist die Ruheübung. Die am Boden liegende Leine übermittelt ein passives Signal, das beim Hund einen entspannten Ruhezustand hervorruft. Später behält das Signal auch bei weiteren Übungen seine passive Symbolbedeutung, wie beispielsweise beim „Bleib“, „Stopp“ oder Apportieren (s. „Fichtlmeier: Der Hund an der Leine“, Kosmos, Stuttgart 2007).

„... mehr geht nicht!“

Folgende Methode kann Ihrem Welpen Ruhe vermitteln, wenn er unruhig und nervös an der Leine agiert: Nehmen Sie eine zwei bis drei Meter lange Leine, die Handschlaufe halten Sie in Ihrer Hand. Stellen Sie sich nun mit einem Fuß auf die bis zum Boden durchhängende Leine und begrenzen Sie damit den Freiraum des Hundes auf etwa einen Meter. Das signalisiert ihm: „Dein Aktionsraum ist auf diesen Freiraum beschränkt – mehr geht nicht!“ Dann ignorieren Sie jegliches Verhalten Ihres Vierbeiners, egal ob der bellt, winselt, gräbt, in die Leine springt oder an ihr zerrt. Der Hund existiert quasi nicht mehr für Sie. Sprechen und schauen Sie ihn nicht an!

1 Anfangs missfällt dem Parson Russell die Ruheübung.
2 Nachdem sein Unmut keine Reaktion beim Hundeführer hervorgerufen hat, stellt der Welpe sein Gequengel ein und kommt zur Ruhe.

Ihr Welpe lässt sich zu Anfang vielleicht alles Mögliche einfallen, um eine Reaktion von Ihnen zu provozieren. Aber nach einer Weile wird er merken, dass er Sie durch nichts zu einer Reaktion und damit aus dem Gleichgewicht bringen kann. Sie stehen ruhig und gelassen neben ihm und ignorieren seine Aktionen. Wenn Sie keinerlei Reaktion zeigen, wird er sich über kurz oder lang legen, setzen oder einfach nur neben Ihnen stehen bleiben: also genau das tun, was Sie damit erreichen wollten!

Ruhe erzeugt Ruhe

War Ihr Azubi einige Zeit ruhig und entspannt, nehmen Sie den Fuß wieder von der Leine. Mit der Handschlaufe in der Hand setzen Sie sich in Bewegung, wobei Sie kurz mit der Zunge schnalzen und ein aufforderndes Körpersignal geben.

Vermeiden Sie eine kurze, den Hund sehr einschränkende Riemenlänge und geben Sie ihm stattdessen die volle Leinenlänge, damit er Zeit hat, auf Ihre „Jetzt-geht-es-los"-Signale zu reagieren.

Nach einem kurzen Stück bleiben Sie stehen, lassen die Leine zu Boden durchhängen und stellen den Fuß wieder wortlos darauf. Im Laufe der Zeit wird sich Ihr Welpe daran gewöhnen, dass er immer, wenn Sie stehen bleiben, ebenfalls stehen bleibt. Er koppelt sich an Ihre Ruhe und beginnt damit, sich an Ihrem Verhalten zu orientieren. Ihre Ruhe löst seine Ruhe aus.

Ruhe im Alltag und im Revier

Es gibt viele Situationen, in denen alle Familienmitglieder das Prinzip „Ruhe löst Ruhe aus" bereits bei dem jungen Vierläufer gut nutzen können. Im Alltag eignet sich zum Beispiel ein Lokalbesuch: Sie setzen sich an einen Tisch, legen die Leine auf den Boden – als Symbol für Ruhe –, stellen einen Fuß darauf und beachten Ihren Hund nicht mehr. Er wird sich, weil er es ja gar nicht (mehr) anders kennt, sofort hinlegen und zur Ruhe kommen. Üben Sie das auch beim Stadtbummel und Schaufenster angucken. Dabei bleiben Sie immer wieder stehen, treten auf die zu Boden durchhängende Leine, verharren ein bis zwei Minuten und gehen dann mit einer deutlich auffordernden „Jetzt-geht-es-los“-Geste zum nächsten Schaufenster. Für Ihren Welpen ist das eine hervorragende Übung.

Beim Reviergang ist es ähnlich: Sie bleiben immer wieder stehen, belauschen zusammen die Geräusche der Natur, oder Sie setzen sich ab und zu auf einen Baumstumpf und stellen jedes Mal den Fuß auf die Leine, ohne den Vierläufer weiter zu beachten. Dann nehmen Sie die Leine wieder auf und gehen ein Stück weiter.

„Bleib!“

Abliegen in jeder Situation

Ruhig wartet der der Deutsche Wachtelhund, bis sein Hundeführer zurückkommt.

„Bleib!“ ist nicht nur im Alltag eine sehr wichtige Übung. Gerade im Jagdbetrieb wird ein sicheres Ablegen des Hundes, vor allem auch bei starken Ablenkungen gefordert, geprüft und auch gebraucht. Später, wenn der Hund älter ist, ergeben sich immer Situationen, bei denen er manchmal für Minuten, aber manchmal auch für eine Stunde oder mehr abliegen soll, und zwar auch dann, wenn er den Jäger nicht eräugen kann, Wild vorbeizieht oder ein Schuss bricht. Am Ansitz muss der Hund unten oder oben auf dem Hochsitz (je nach Rasse und Größe) ruhig abliegen, und beim Pirschen soll er über Sichtzeichen zum Warten im Sitz oder Ablegen veranlasst werden können. Das ist unser Ziel für später.

Ein neuer Weg zum „Bleib“

Anders als in der traditionellen Jagdhundausbildung vermitteln wir über die Fichtlmeier-Methode dem Welpen das „Bleib“ über die Definition von *grünen* (positiven, dort wird gelobt) und *roten* (negativen, dort wird reglementiert) Bereichen. Der Hund lernt, dass er auf einem ihm zugewiesenen Platz bleibt und so lange ruhig wartet, bis er von seinem Halter dort wieder abgeholt wird.

Grüner Bereich

Dieser Platz – der grüne Bereich – wird immer positiv belegt, der Welpe wird an diesem Ort also nicht reglementiert, zu Boden gedrückt oder mit einem Leinenruck zum Liegenbleiben korrigiert. Anfangs ist es auch nicht wichtig, ob der Welpe dort sitzt, liegt oder steht. Auf diese Weise lernt er den sogenannten grünen Bereich als angenehmen Ort kennen und kann sich entspannt „zurücklehnen“ und in Ruhe alles außen herum beobachten.

Im optimalen Fall hat Ihr Züchter schon den ersten Grundstein gelegt. So oder so – Sie sollten mit dieser Übung bereits mit Ihrem neun oder zehn Wochen alten Welpen beginnen. *Wichtig*: Rufen Sie Ihren Welpen nie aus einem „Bleib“ zu sich heran, sondern holen Sie ihn immer ab!

Hier überträgt sich die Fichtlmeiersche Bleib-Übung bereits in die nächste Generation.

Grünen Bereich definieren

Bauen Sie Ihr Training immer so auf, dass Sie dem Hund den grünen Bereich deutlich mit einem Gegenstand (Rucksack, Jacke) markieren. Zusätzlich trägt der Welpe sein Halsband, an das die Leine angeklinkt ist. Wenn Sie nun die Leine auf oder neben den Gegenstand zu Boden fallen lassen, bedeutet das Ruhe. Das kennt der Welpe mittlerweile schon durch die Ruhe-Übung (s. S. 78).

Den grünen Bereich können Sie anfangs auch positiv verstärken, indem Sie zusätzlich immer wieder etwas Futter auf den Gegenstand legen.

Selbst der widerspenstige Teckel nimmt gelassen klare Regeln an.

Eindeutige Signale

Die „Bleib“-Übung ist eine gute Übung im Umgang mit der Binärsprache (s. S. 64), die sich auf diese Weise bei Ihrem jungen Hund einprägt. Achten Sie also bei sich selbst generell auf einen sensiblen, differenzierten und schnellen Wechsel von positiven und negativen Körpersignalen und deren Intensität.

Ein Beispiel: Will der Welpe nachprellen, sobald Sie sich von ihm entfernen, wechselt er also vom grünen in den roten verbotenen

Wichtig

Denken Sie daran: Der Hund muss bei der „Bleib-bis-ich-dich-hole“-Übung immer Halsband mit Leine tragen und einen Gegenstand (Jacke, Hut, kleines Handtuch) neben sich liegen haben.

Bereich, dann müssen Sie ihm über das Stopp-Signal vermitteln, dass das nicht erwünscht ist. Artikulieren Sie es jedoch weder so übertrieben, dass der junge Hund sich arg bedrängt fühlt und zu Flucht oder extremer Unterwürfigkeit veranlasst wird, noch darf es so lau sein, dass er es nicht ernst nimmt, weil ihn Ihr warnendes Signal in keiner Weise beeindruckt.

Nimmt sich der Welpe als Reaktion auf Ihr Stopp-Signal in seinem Verhalten zurück, indem er zurückweicht oder beim Gegenstand und somit im grünen Bereich bleibt, entspannen Sie sich augenblicklich wieder und loben ihn.

Abholen

Das Ziel ist ein ruhiges und entspanntes Verbleiben auf dem als grünen Bereich definierten Platz, den der Welpe als angenehm verknüpft. Passen Sie deshalb auch beim Zurückkommen zum wartenden Welpen Ihr Lob an das Temperament Ihres Hundes an. Er soll nicht durch zu starkes Loben in einen Erregungszustand geraten, der ihm das ruhige und gelassene Verweilen im grünen Bereich erschwert.

Handelt es sich um einen quirligen Hund, loben Sie nur sehr gedämpft und ruhig, damit Sie ihn nicht zu erhöhter Aktivität anspornen und er dadurch den grünen Bereich verlässt. Auch ein Streicheln

Der Parson Russell wird für sein Warten im „Bleib!“ belohnt.

ist hier nicht erforderlich. Je ruhiger und ausgeglichener Sie auf Ihren Hund zugehen, desto ruhiger und sicherer wird er an dem Platz, an dem er auf Sie wartet, verharren.

Wenn der Hund nicht bleibt

Eine für den Hund verständliche Symbolik bei der „Bleib“-Übung wird über ein angelegtes Halsband mit angeklinkter Leine und einen Gegenstand definiert. Diese Symbolik hilft ihm zu erfassen, was vom ihm erwartet wird. Trotzdem klappt es nicht immer von Anfang an, dass er in dem von Ihnen mit einem Rucksack oder einer Decke definierten grünen Bereich bleibt.

Wenn's nicht klappt – korrigieren:
Der Hund entfernt sich aus dem grünen Bereich, den Sie mit einem Gegenstand definiert haben und kommt somit in den roten, verbotenen Bereich:

1. Folgen Sie ihm unmittelbar und vermitteln Sie ihm, dass Sie ernsthaft sauer sind.
2. Nehmen Sie emotionslos das Ende der Leine und konfrontieren Sie Ihren Hund dabei nicht, indem Sie ihn aggressiv ansehen, sondern wenden Sie sich dabei von ihm ab. Ziehen (nicht rucken) Sie ihn mit deutlich missmutiger Körpersprache zum grünen Bereich zurück. Verhalten Sie sich hierbei unbedingt angepasst an die Sensibilität des jeweiligen Hundes.
3. Im grünen Bereich entspannen Sie sich sofort wieder, lockern die Leine, lassen sie zu Boden fallen und nehmen freundlich Blickkontakt auf. Warten Sie, bis der Hund aus der Spannung kommt und wieder ruhig wird.
4. Um das Positive des grünen Bereichs zu verdeutlichen, legen Sie wieder kleine Futterstückchen auf den Gegenstand und
5. entfernen sich ohne Kommando, also wortlos, wieder mit deutlicher „Bleib“-Geste.

Nicht übertreiben

Üben Sie das „Bleib“ mit Ihrem Welpen anfangs nur sehr kurz, nicht zu oft und unter Umständen nicht gerade dann, wenn er mehrere Stunden geschlafen hat und voller Tatendrang ist. Trotzdem sollten Sie im Laufe der nächsten Wochen auch dem unausgelasteten Welpen klarmachen, dass Ruhe herrscht, wenn Sie Ruhe fordern. Anfangs eben nur für Augenblicke und mit der Zeit auch etwas länger. Wechseln Sie auch immer wieder die Örtlichkeit, also den Platz, den Sie durch das Ablegen des Rucksacks zum grünen Bereich erklären, um das „Bleib“ zu generalisieren.

1 Die deutliche „Komm-mir-nicht-nach“-Geste sagt mehr als tausend Worte.

2 Geduldig wartet der Foxl, bis ihn die Hundeführerin am Rucksack belohnt.

Alleine bleiben

Durch die „Bleib“-Übung prägt sich bei Ihrem Welpen auch die Erfahrung ein, dass Sie immer wieder zu ihm zurückkommen – das mindert Trennungsängste! *Aber:* Überfordern Sie seine Bereitschaft, auf Sie zu warten, keinesfalls. Gehen Sie deshalb anfangs noch nicht zu weit von ihm weg. Steigern Sie Entfernung und Dauer langsam und angepasst an seinen Entwicklungsstand. Dabei können Sie sich auch mal verstecken, und zwar so, dass Sie Ihren Hund beobachten können, denn Ihr Azubi sollte dabei nicht unter Stress geraten. Erwarten Sie keine Wunder, schließlich muss er erst lernen, für längere Zeit allein zu bleiben.

Laufen Sie zwischendurch auch einmal mit einer deutlichen „Dubleibst-da“-Geste (Foto S. 85) einfach an ihm vorbei oder in gebührlichem Abstand um ihn herum. Vergessen Sie nicht, die Übung zu beenden, wenn tatsächlich Schluss ist (s. S. 82). Belohnen Sie Ihren Welpen mit einem Futterbröckchen, dann nehmen Sie den Gegenstand auf, die Leine in die Hand, schnalzen mit der Zunge und fordern Ihren Gefährten durch ein richtungweisendes Körpersignal auf, Ihnen zu folgen.

Am Rucksack „zwischenparken“

Die „Bleib“-Übung sollten Sie auch auf der Pirsch mit Ihrem Welpen kontinuierlich einstudieren. Wenn Sie später während Ihres Reviergangs unauffällig und vorsichtig eine schmale Schneise einsehen wollen, ist es äußerst praktisch, den Hund kurz am Rucksack „zwischenzuparken“, also warten lassen zu können, bis Sie ihn von dort wieder abholen.

Bei diesen kurzen „Bleib“-Übungen kommen erste Körpersignale zur Anwendung und erste Übereinkünfte werden getroffen. Kurzzeitige Konzentration, Aufmerksamkeit und Blickkontakt des Welpen bezogen auf den Menschen werden gefördert, Vertrauen in die Handlungen des Menschen wird aufgebaut und er lernt die Unterscheidung von grünen und roten Bereichen. Zudem entwickelt sich Ruhe und Stabilität und – sehr wichtig für den Jagdgebrauch – eben erste Steadiness.

Umweltsicherheit aufbauen

Entdeckungsreisen

Heute ist der Hund überall mit dabei und muss mit allen Umweltgegebenheiten zurechtkommen, egal ob in der Großstadt oder in ländlichen Gebieten. Damit der Welpe in seinem späteren Leben Neues besser einordnen und stressfreier verarbeiten kann, unterstützen Züchter und Hundehalter den Aufbau und die Entwicklung des Gehirns durch möglichst viele Eindrücke und Informationen.

So viel Neues wie möglich

Nutzen Sie also bis zum Zahnwechsel die Zeit, Ihrem Welpe – neben den ersten jagdlichen Ansätzen – auch die Menschenwelt zu zeigen und alles, was damit zusammenhängt.

Gehen Sie unter Zuhilfenahme der Leine zielstrebig und ruhig mit ihm an die vielen Umweltreize heran, halten Sie ihn aber auch davon ab, „Neues“ allzu „mutig“ und unüberlegt zu erforschen. So kann der Jungspund mit Ihrer Unterstützung unbekannte Eindrücke gut verarbeiten. Im Normalfall begegnet ein Welpe neuen Reizen offen und unbefangen, aber es gibt auch manches, was ihn verunsichert oder sogar verängstigt. Lassen Sie ihn nicht durch „Fliehen“ oder „Meiden“ ausweichen, sondern helfen Sie ihm durch Ihre Souveränität, damit umzugehen.

Das „Bleib!“ funktioniert auch in dieser ungewohnten Umgebung, da Symbolik und Geste für den Welpen eindeutig sind.

Auch in der Stadt wird das „Bleib!" zur Selbstverständlichkeit.

Die Umwelt erkunden

Besuchen Sie Gaststätten, Straßencafés oder Biergärten. Ihr Welpe wird mit Sicherheit von allen Seiten bestaunt und jeder will ihn streicheln oder füttern. Gestatten und fördern Sie dies, denn er soll auf fremde Menschen offen und angstfrei zugehen und möglichst viele positive Eindrücke sammeln.

Begegnen Sie einer größeren Menschenansammlung, dann setzen Sie sich zusammen mit ihm mitten in diesen Trubel und geben dem Racker so viel Zeit wie nötig, alles in Ruhe einzuordnen. Fahren Sie mit ihm S-Bahn oder Zug. Erkunden Sie mit ihm Treppen, Brücken, Unterführungen oder Tunnels. Laufen Sie auch über unterschiedlichen Untergrund, wie beispielsweise Gitterroste, Schotterwege, glatte oder raue Bodenbeläge und zeigen Sie ihm auch das Landleben mit Pferden, Schafen, Kühen oder Hühnern etc., damit er alles kennen- und als normal einordnen lernt.

Wichtig

Bringen Sie den Welpen nicht durch ein Futterbröckchen vor der Nase an Unbekanntes heran. Motivieren Sie ihn vielmehr durch Ihre Körpergesten, gemeinsam mit Ihnen als Partner auf Entdeckungsreise zu gehen.

Gewöhnung an den Schussknall

Der Welpe kann durchaus ab der Übernahme vom Züchter Schritt für Schritt an den Schussknall gewöhnt werden. Dabei laufen Sie unbekümmert mit ihm im Garten oder auf einer Wiese herum. Ein Helfer gibt in größerer Entfernung (zirka 100 Meter) einen Schuss mit einem Dummy-Launcher, einer Signalwaffe oder mit einer Flinte ab. Bleibt der Welpe unbeeindruckt, nähert sich der Helfer kontinuierlich und gibt dabei immer wieder einen Schuss ab. Das sollte nicht übertrieben werden. Machen Sie Pausen oder wiederholen Sie das Prozedere einfach ein paar Tage später. Bei und nach jeder Schussabgabe bekommt der Welpe einen Futterbrocken aus der Hand seines Hundeführers.

Der Pointer hat gelernt, Umweltreizen mit Ruhe zu begegnen.

Zeigt sich der Welpe aber von dem Knall auch nur im Geringsten beeindruckt, greift man zur Reizangel und bietet mit dem daran befestigten Dummy einen Bewegungsreiz an. Hetzt der Welpe voller Passion, rufen Sie laut „Tock“ und lassen ihn packen. Das machen Sie in den nächsten Tagen je ein- bis zweimal. Lässt sich der Welpe gut durch „Tock“ auslösen, gibt in gebührendem Abstand ein Helfer, gekoppelt an das „Tock“, einen Schuss ab. Zeigt der Welpe nach wie vor Angst, darf jetzt kein weiterer Schuss mehr fallen. Wir empfehlen, dann eine Pause bis nach dem Zahnwechsel einzulegen und die Schussfestigkeit mit einem speziellen Training neu anzugehen.

Bewegungsreize mit Ruhe belegen

Gestatten Sie Ihrem Welpen nicht, seinen Verfolgungsdrang ungehemmt auszuleben. Lassen Sie den Hund alles, was ihm einen Bewegungsreiz bietet, angeleint und aus ruhiger Position heraus beobachten und einordnen. Jogger, Radfahrer, spielende und laufende Kinder, abstreifende Vögel, andere Hunde etc. Unterbinden Sie konsequent ein Hinterherspringen oder ein Anbellen und belohnen Sie stattdessen Ruhe. Wie geht das?

Stöckchen und Bälle – nein danke!

Das gedankenlose Werfen von Stöckchen oder Bällen, denen der Welpe ohne Einsatz seines Verstandes in erhöhtem Erregungszustand hinterherhetzt, muss für die ganze Familie tabu sein! Diese Pseudoform des Apportierens fördert weder die Intelligenz Ihres Jagdhundes noch seine Ruhe und Gelassenheit.

Nutzen Sie die Ruhe-Übung (s. S. 78) und stellen Sie einfach den Fuß auf die Leine. Ist der Racker entspannt, wird er belohnt. Sind Kinder im Haus, lernt der Welpe, auch hier ruhig zuzusehen, wie die Kinder zum Beispiel Ball spielen oder umhertollen. Setzen Sie sich mit Ihrem Welpen dazu oder machen Sie eine Bleib-Übung. So prägt sich bei Ihrem Welpen ein, dass bei Aktionen der Kinder Ruhe angesagt ist. Auch bei Anwesenheit anderer Hunde soll er lernen, deren Aktionen erst einmal aus einer ruhigen Position heraus zuzusehen. Klappt das, darf er als Belohnung mit den anderen mittollen. Dies alles fördert seine Steadiness, was wiederum im Jagdgebrauch abgerufen werden kann.

Ihr Weg muss sein Weg sein

In städtischen Gegenden ist es völlig normal, dass Mensch und Hund auf Bürgersteigen gehen. Dadurch erfahren Hunde ganz selbstverständlich Grenzen. In ländlichen Gegenden gibt es weniger Gehwege, stattdessen können Sie zusammen mit Ihrem Welpen den Wald- oder Feldwegen, schmalen Schneisen oder Pirschwegen folgen. Vor allem die Familienmitglieder lassen auf den Spaziergängen den Welpen nicht frei und unkontrolliert durch Wald, Feld oder Wiesen laufen, sonst könnte er sich verselbstständigen. Der Welpe lernt so vom ersten Tag an: „Euer Weg ist mein Weg!“

Über die Binärsprache (s. S. 64) wird der Weg als erlaubter, grüner Bereich definiert mit „Ja, das ist richtig“ und alles rechts und links des Weges als nicht erlaubter, roter Bereich mit „Nein, das ist falsch“. Die Familie legt somit eine Basis für spätere Bogenreinheit, weil sie beim Spazier- und beim Reviergang den Weg, die Waldschneise, den ausgetrockneten Bachlauf usw. rechts und links mit einer Grenze belegen, die der Hund nicht ohne Weiteres überschreiten darf.

Sie bestimmen die Richtung

Fast jeder Welpe zeigt früher oder später eigenständige Entdeckerfreude und beginnt, sich abzunabeln oder Sie immer öfter zu ignorieren. Wenn Sie diese ersten kleinen Verselbstständigungen nicht im Keim ersticken, kann das später ernste Konsequenzen nach sich ziehen. Beim Spaziergang geht man nicht einfach in die Richtung, in die der junge Hund möchte. Ziel sollte sein, dass der Welpe Ihnen freiwillig folgt und sich an Ihnen orientiert. Dabei spielt es keine Rolle, ob er angeleint ist oder nicht. Geben Sie in solch einem Fall nicht aggressive laute „Hierhin!“-Kommandos oder fangen ihn gar ein, sondern motivieren Sie ihn durch spannende Apportierübungen oder Suchaufgaben, sich an Ihren Gesten und Körpersignalen zu orientieren und freiwillig bei Ihnen zu bleiben. Und so handeln selbstverständlich auch alle Familienmitglieder, die sich allerdings in aller Regel dazu zwingen müssen, sich an die damit verbundenen Abläufe, die der Welpe inzwischen kennen gelernt hat, zu halten.

Bogenreinheit
Das systematische Absuchen oder Durchstöbern eines definierten Gebietes, ohne die Grenzen zu weit zu überschreiten, wird als Bogenreinheit bezeichnet.

Stolz trägt der Foxterrierwelpe den Hut seiner Hundeführerin.

Weitere Prägungsschritte ab der 9. Woche

- **Leinensignale**
  - An- und Ableinen
  - Ruhe-Übung
  - Bleib!
- **Umweltsicherheit aufbauen**
- **An den Schussknall gewöhnen**
- **Bewegungsreize mit Ruhe belegen**
- **Richtung bestimmen**

Der Apport

Alles ist deins

Wenn wir auf die Jagd gehen, dann wollen wir in Besitz von Wild kommen und unser Vierläufer soll uns dabei mit seinen Instinkten hilfreich zur Seite stehen. Wir wollen unseren Jagdhund, abhängig von seinem späteren Einsatzgebiet und seiner Rassezugehörigkeit, dazu bringen, dass er apportiert oder verweist (anzeigt), schussfest ist, sucht, stöbert, spur- oder sichtlaut ist und sich, wenn gefordert, auf bestimmtes Wild beschränkt.

Er soll uns das Wild bewusst vor die Büchse oder Flinte drücken, und soll sich außerdem von dessen Spur abpfeifen lassen. Unabhängig davon, ob der Hund vor oder nach dem Schuss eingesetzt wird, wollen wir ihn dazu bringen, dass er uns die Beute überlässt. Sein Handeln soll also nicht bestimmt werden durch: „Alles ist meins!", sondern durch: „Alles ist deins!"

Bindung und Teamarbeit aufbauen

Viele unserer Jagdhunde stehen allerdings nur mittelmäßig im Gehorsam. Die eigentliche Basis fürs erfolgreiche Jagen, die Bindung zum Hundeführer und das Zusammenarbeiten mit ihm fehlt oder ist mangelhaft. Zu frühes Heranführen an Wild und unkontrolliertes Hetzenlassen forcieren die Verselbstständigung des Hundes und seine Motivation, allein zu jagen. Daraus entsteht eine fehlende Bereitschaft, mit dem Hundeführer zusammenzuarbeiten und ihm Beute zuzutragen. Für uns ist der Apport der Schlüssel zum Erfolg, auch wenn das auf den ersten, oberflächlichen Blick nicht viel mit Gehorsam und Führigkeit zu tun haben scheint. Entscheidend ist aber, dass der Hund durch das Apportieren lernt, sich auf seinen Hundeführer zu konzentrieren, dessen Hilfestellungen zu beachten, durch Teamarbeit zum Erfolg zu kommen und spielerisch und ohne Zwang dahin geleitet zu werden, Beute über tauschen abzugeben. Der Hund wird kontrollierbar.

Hunderassen, denen das Apportieren nicht in den Genen liegt, wie zum Beispiel Schweißhunde oder Bracken, werden von Welpenbeinen an dazu motiviert, Dummys oder kaltes Wild anzuzeigen (zu verweisen), was für die spätere jagdliche Praxis unabdingbar ist. Dabei ist es wichtig, dass der Hund nach dem Auffinden unter Kontrolle bleibt und nicht beginnt, verselbstständigt drauflos zu jagen.

Fichtlmeiers wichtigste Leitsätze

1. Vorbeugen statt korrigieren.
2. Verlangen Sie keine Wunder von Ihrem Hund: Was Sie sich selbst nicht abverlangen, können Sie auch nicht von Ihrem Hund einfordern.

Apportieren

Bereits beim Welpen legen wir in unserer jagdlichen Frühförderung die Grundlagen für das Apportieren an. Für das Erlernen des Apports machen wir uns zunutze, dass jeder Jagdhund einen äußerst gut entwickelten Geruchssinn hat und instinktiv seine Nase einsetzt. Ja, er „sieht" mit seiner Nase und „stolpert" regelrecht über einen Gegenstand, wenn dessen Geruch seine Nase trifft und ihn auslöst.

Wichtig: gekonnter Naseneinsatz

Wir erarbeiten beim Welpen die Motivation zum Suchen nicht über die Passion und das Verfolgen von Wildspuren, sondern fördern erst seine Sinne und deren sensiblen Gebrauch, seine Führigkeit und Konzentration auf die gestellte Aufgabe und die Zusammenarbeit mit seinem Hundeführer. Außerdem achten wir beim Einarbeiten zum Apport darauf, dass der Welpe lernt, seine Nase hoch oder tief einzusetzen, Spuren auszuarbeiten, Wittrung in Hecken oder im Feld anzuzeigen oder zu verfolgen und sich dann wieder davon abrufen zu lassen.

Der Einstieg

Die Beute freiwillig herzugeben, ist nicht selbstverständlich für einen Welpen, deshalb lehren Sie ihn das Tauschen (s. S. 40). Nimmt der Welpe spontan einen herumliegenden Gegenstand, zum Beispiel einen Strumpf oder eine Kappe, in den Fang und trägt ihn herum, ermutigen Sie ihn spielerisch dazu, diese „Beute" abzugeben und gegen Futter einzutauschen. Beim Welpen prägt sich ein: „Es ist toll Beute zu bringen, schließlich bekommt man sogar noch etwas dafür!" Wenn Ihr Welpe nach einigen solchen Erfolgserlebnissen von sich aus und ohne Ihre Aufforderung mit seiner Beute, zum Beispiel Ihren Hausschuh, vor Ihnen steht und Sie erwartungsvoll ansieht, dann wissen Sie, dass die Basis „Heranbringen von Beute und Tauschen machen Spaß" gelegt ist.

Plüschtiere werden gerne von Welpen aufgenommen. Sie eignen sich daher gut als Einstieg ins Apportieren.

Sich interessant machen

Nimmt der Racker schon kleine Gegenstände oder Dummys auf, ist Zeit für den nächsten Schritt. Nehmen Sie ein Dummy in die Hand, motivieren Sie den Welpen ins „Sitz!" und entfernen Sie sich ein paar Schritte von ihm. Zeigen Sie ihm dabei den Gegenstand und lenken Sie seine Aufmerksamkeit darauf, indem Sie daran schnüffeln, oder ihn leicht schütteln, damit er für ihn interessant wird.

Lassen Sie den Gegenstand jetzt deutlich sichtbar zu Boden fallen und gehen Sie noch ein paar Schritte weiter. Bleibt der Welpe nicht sitzen, fördern Sie zuerst ein längeres Sitzen-Bleiben. Falls Ihr Welpe Sie nicht bereits erwartungsvoll anschaut, warten Sie ab, bis er kurz Blickkontakt zu Ihnen aufnimmt und motivieren ihn über das Signal „In-die-Hocke-Gehen", zu Ihnen heranzukommen. Nun wird sich zeigen, ob der Welpe von sich aus das Dummy aufnimmt, wenn er daran vorbeiläuft, oder ob es ihm wichtiger ist, unverzüglich zu Ihnen zu kommen.

1 Diese Geste für „Bleib!" kennt der Welpe schon.

2 Nachdem die blockierende Hand abgesenkt worden ist, saust der Welpe, der richtunganzeigenden Geste folgend, am Hundeführer vorbei zum Dummy.

3 Mit dem Dummy im Maul holt sich der Welpe sein Futter ab.

Viele Welpen können nun fast gar nicht anders, als die Beute mitzunehmen. Nimmt Ihr Welpe das Dummy allerdings nicht auf, laufen Sie wieder Richtung Apportel zurück und motivieren den Vierläufer, dieses aufzunehmen. Klappt das nicht, dann wandeln Sie die Übung erst einmal ab in ein „Komm mir nach" und lösen das Ganze durch ein „In-die-Hocke-Gehen" und abliebeln auf. In jedem Fall gestalten Sie das Ganze freudig, dynamisch und für Ihren Welpen interessant.

Unterschiedliche Dummys verwenden

Dummys werden im Fachhandel in unterschiedlichem Gewicht und Material in unzählig vielen Variationen angeboten. Es gibt kleine, leichte Welpendummys mit oder ohne Fellbesatz, aus Jute, Leder, Plüsch, Kunststoff etc. Besorgen Sie sich eine kleine Auswahl davon. Das lässt beim Üben keine Langeweile aufkommen und sensibilisiert außerdem das Hundemaul.

Wenn es mit dem Apport nicht klappt

Zögert der Hund, das Dummy aufzunehmen, oder zeigt er keinerlei Interesse daran, könnte es daran liegen:

- Der Hund hat die Aufgabenstellung nicht verstanden.
- Sie haben den Hund überfordert, er kam unter Leistungsstress und konnte die Aufgabe deshalb nicht lösen.
- Ihr Hund ist verunsichert und will die Beute, weil sie Ihnen gehört, nicht aufnehmen.
- Der Hund hat rassebedingt nur eine geringe Grundmotivation fürs Apportieren.

Mit Dummys wird nicht gespielt

Wenn Sie dem Hund die Dummys zum „Spielen" überlassen, stärken Sie unter Umständen unerwünschte Verhaltensweisen wie das Zerkauen der Beute oder das In-Sicherheit-Bringen zum Beispiel durch Vergraben. Dummys dürfen deshalb nur beim Üben zum Einsatz kommen.

Bewegung macht das Dummy interessant

Falls Ihr Welpe nur mittelmäßiges Interesse für das Dummy zeigt, sich von etwas anderem ablenken lässt, oder es nur kurz aufnimmt und unterwegs wieder ausspuckt, dann müssen Sie ihm das Dummy interessanter machen. Nehmen Sie es auf, laufen Sie damit los und lassen Sie es wieder fallen. Durch den Bewegungsreiz wecken Sie sein Interesse. Nimmt er es auf, lassen Sie ihm keine Zeit, selbst zu entscheiden, was er mit der Beute machen könnte, sondern halten ihn auf Trab, indem Sie ihn beispielsweise durch Händeklatschen oder freudiges „Ja, ja, ja!“ zum Folgen motivieren. Während Ihr Welpe Ihnen mit dem Dummy im Fang nachläuft, verlangsamen Sie Ihr Tempo, gehen plötzlich in die Hocke und bieten ihm blitzschnell Futter im Tausch dafür an.

Nie hinterherlaufen!

Läuft er mit der Beute von Ihnen weg, bewegen Sie sich sofort in die entgegengesetzte Richtung. Laufen Sie ihm keinesfalls hinterher! Zeigt er Tendenzen auszuweichen, kurz bevor er in Ihrer Nähe ist, signalisieren Sie ihm durch Ihr Zurückweichen, dass Sie ihm die Beute nicht wegnehmen, sondern ihm ein Futterstück zum Tausch anbieten wollen. Neigt Ihr Welpe dazu, die Beute für sich zu beanspruchen, absolvieren Sie anfangs die Apportier-Übungen in einem kleinen, übersichtlichen, eingezäunten Terrain oder binden Sie das Apportel an eine Schnur, damit der Jungspund sich nicht zu weit von Ihnen entfernen kann. Jetzt liegt es an Ihnen, den Welpen durch Ihre Begeisterung so zu motivieren, dass er mit dem Dummy im Maul hinter Ihnen herrennen muss. Kommt er damit zu Ihnen heran, sind Sie vor lauter Freude kaum noch zu bremsen, und sofort gibt es für den Racker im Tauschverfahren eine leckere Belohnung. Sie werden sehen, er wird sich für Sie entscheiden und auf Sie zukommen.

In dieser Anfangsphase muss der Welpe sich weder setzen noch das Dummy im Fang festhalten.

Wichtig

Das sofortige Heranbringen der Beute ist auch eine wichtige Lektion für den späteren Einsatz im Revier.

Vom Knochen zum Dummy

Eine weitere Motivations-Hilfe für den Welpen, ein Dummy aufzunehmen und im Fang herumzutragen: Stülpen Sie einen Strumpf über einen abgekochten Knochen, (zum Beispiel Kalbsknochen, bitte nicht vom Schwein, Stichwort Aujeszkysche Krankheit und keine Geflügel- bzw. Röhrenknochen). Sichern Sie den Strumpf vorsichtshalber durch eine Leine, damit der Racker nicht mit der schmackhaften Beute verschwinden kann.

Der Ablauf folgt immer nach dem gleichen Schema, wie zuvor beschrieben, nur benötigen Sie jetzt natürlich ein besonders tolles Tauschfutter, zum Beispiel ein Stück Käse oder Wurst. Hat der Welpe den „Knochen“-Socken getauscht, stecken Sie ein Dummy, das er bisher verweigert hat aufzunehmen, in die Socke. Das Dummy nimmt die Duftstoffe des Knochens innerhalb kürzester Zeit auf. Deshalb ist

Ein „Knochen“-Socken ist ein guter Einstieg in den freiwilligen Apport.

Dummy an die Reizangel

Befestigen Sie die Beute an der Schnur der Reizangel und „hauchen" Sie ihr Leben ein. Sein Beutetrieb, etwas „Lebendes" zu fangen, wird den Welpen schnell dazu motivieren, sie zu greifen und festzuhalten. Wenn Sie dann daran etwas ziehen, wird er beginnen zu kontern. Jetzt geben Sie sofort nach und lassen sich nicht weiter auf das Zerrspiel ein, sondern gehen einfach in die Hocke und motivieren den Welpen, mit der Beute freiwillig heranzukommen. Falls er noch nicht begriffen hat, helfen Sie etwas nach und ziehen Sie vorsichtig an der Schnur, an der die Beute befestigt ist, und dirigieren Sie den Azubi sanft zu sich. Dort erwartet den Welpen aus Ihrer Hand ein Futterstückchen, und er wird die Beute freigeben.

es auch nicht verwunderlich, dass der Welpe den Socken samt Apportel aufsammeln und Ihnen zutragen wird. Nach dem Tausch gegen Futter wird er das wohlduftende Dummy auch ohne Socke nehmen. Der Welpe verknüpft: „Ich bringe dir die Beute und bekomme dafür Futter."

Was passiert mit dem Knochen? Die Teamarbeit wird gestärkt, wenn Sie dem Welpen den Knochen aus dem Strumpf herausfischen und ihm kurz überlassen, ihn dann aber mit einem ganz speziellen Leckerbissen, zum Beispiel einem Stück Käse oder Fleisch gleich wieder eintauschen.

Zahnwechsel heißt Apportier-Pause

Ihr Welpe hat während des Zahnwechsels Schmerzen und außerdem fehlen ihm Zähne. Das Apportieren fällt ihm also schwer. Legen Sie deshalb eine Apportierpause ein, damit der Welpe das Tragen des Dummys nicht negativ verknüpft.

Ruhe und Konzentration fördern

Im Revier erwarten Sie von Ihrem ausgebildeten Hund, dass er ruhig und konzentriert wartet, bis er geschnallt wird und zum Einsatz kommt. Auch das verankern Sie bereits bei Ihrem Welpen im Zusammenhang mit dem Apport.

Die „Bleib!“-Geste zügelt den Welpen, während das Dummy geworfen wird.

Wichtige Übung für Steadiness

Sie bringen den Welpen ins Sitz und markieren eine Stelle, indem Sie die Leine auf den Boden legen. So wird diese Stelle zum Ausgangs- und Treffpunkt, an dem der Vierläufer immer wieder mit der gefundenen Beute zurückkehrt. Entfernen Sie sich einige Schritte, blocken dabei den Welpen mit einer Geste für Bleib und werfen, für den Hund sichtig, etwas verhalten mehrere Dummys. Bleibt der Hund sitzen, gehen Sie zu ihm zurück und belohnen ihn mit Futter.

Will er seinen Platz verlassen, verwenden Sie die Binärsprache und reagieren sofort mit einem schnellen Wechsel vom positiven in den negativen Zustand, um ihm zu vermitteln, dass er in der Sitzposition zu bleiben hat. Die geworfenen Dummys sammeln Sie in diesem Fall selbst ein. Jedes Mal, wenn Sie wieder bei dem Azubi angekommen sind, legen Sie das Dummy ab und belohnen sein Zuschauen und Warten mit Futter.

Klappt das Sitzenbleiben, erhöhen Sie die Reizlage, indem Sie die Intensität des Werfens steigern. Dann laufen Sie anfangs sehr ruhig, dann engagierter weg und holen einige der Dummys zurück. Sie vermitteln Ihrem Welpen damit, dass nicht er an der Reihe ist sondern Sie. Er wird dabei in einen leichten Erregungszustand kommen, soll aber trotzdem seinen Platz nicht verlassen. Warten Sie jetzt einige Augenblicke, bis der Welpe wieder innerlich zur Ruhe kommt. Jetzt ist er an der Reihe zu apportieren und Sie geben ihm über Richtungsweisende Gesten deutliche Hilfestellung dabei.

Wichtig

Kein Hund kann einem anderen Hund befehlen oder könnte einen anderen Hund zwingen, ihm Beute zuzutragen. Das so genannte Absichern des Apports über Zwang verstößt gegen die Natur des Hundes.

Positiver Begleiteffekt

Dadurch, dass der Welpe Ihnen beim Apportieren zusieht, gewöhnt er sich daran, steady zu bleiben, während andere aktiv sind. Das kann auch innerhalb einer Welpengruppe initiiert werden. Zwei oder drei Welpen sehen zu, während ein dritter apportiert. Das mindert konkurrierendes Verhalten und Beuteneid.

Unruhe? Sofort abbauen

Zeigt sich Ihr Welpe beim Warten im Sitz unruhig und eher überdreht, arbeiten Sie erst an seiner Standruhe. Nehmen Sie ihn aus der Spannung, indem Sie sich zu ihm auf den Boden setzen, ihn in den Arm nehmen und abliebeln, bevor es zum Apport losgeht. Erst wenn er zur Ruhe gekommen ist, werfen Sie wieder ein Dummy und lassen ihn dieses apportieren.

Abwechslungsreicher werden

Variieren Sie im Laufe der Zeit die Übungen, indem Sie beispielsweise vier Dummys in vier verschiedene Richtungen werfen. Dabei soll der Welpe ruhig im Sitz bleiben, sich konzentrieren, beobachten und sich die „Landeplätze" der Dummys merken (markieren). Jetzt apportieren Sie im Wechsel mit dem Racker. Dabei legen Sie fest, wann er an der Reihe ist und welches Dummy er apportieren darf. Immer wenn Sie zum Apport losstarten, wird der Welpe mit einer deutlichen "Bleib!"-Geste geblockt. Ist er an der Reihe, schicken Sie ihn mit einer ebenso deutlichen Geste in die Richtung des jeweils zu apportierenden Gegenstandes.

Das Abgeben des Dummys

Am Anfang ist es unwichtig, wie Ihr Welpe ein Dummy überlässt. Es gibt noch keinen festgelegten Ablauf wie zum Beispiel: Herankommen – Sitzen – Festhalten – in die Hand geben etc. Motivieren Sie Ihren Welpen und angehenden Junghund erst einmal dazu, dass er alles, was er findet und aufnimmt, sofort, schnell und gerne zu Ihnen bringt, und vermitteln Sie ihm dabei keinesfalls das Gefühl „Ich nehme dir deine Beute weg!"

Tauschen ist die Basis für das Überlassen von Beute.

In die Hand

Bringt Ihr Welpe das Dummy freudig und zuverlässig, dann reagieren Sie so schnell, dass Sie immer schon eine Hand unter das Dummy halten, während die andere ihm das Futter zum Tausch anbietet. So gibt der Racker bald in Ihre Hand ab. Sie können dann auch jedes Mal, genau in dem Moment, in dem der Hund Ihnen das Dummy gibt, dieses Verhalten mit einem freundlich gesprochenen und lang gezogenen „Laaass“ verbinden. Vorsicht: Wenn Sie das Futter bereits in der Hand halten oder den Welpen zu überschwänglich loben, spuckt mancher das Dummy zu früh aus.

Intelligenter Naseneinsatz

Arbeiten Sie nun daran, dass Ihr Welpe lernt, nicht nur die Augen, sondern auch die Nase gezielt einzusetzen. Dazu lassen Sie ihn sichtig geworfene Dummys apportieren, die jetzt aber ins hohe Gras geworfen werden. Er kann zwar die Flugbahn und den Landepunkt beobachten, aber nicht mehr sichtig ans Dummy gelangen. Damit muss er die Nase einsetzen.

Als nächsten Schritt soll er ein von Ihnen definiertes Gebiet nach Dummys absuchen. Dabei arbeiten Sie nicht mehr mit geworfenen sondern mit nicht sichtig ausgelegten Dummys, und wenn notwendig mit Richtungsweisenden Gesten, die der Welpe bereits bei Apport sichtig geworfener Dummys kennen gelernt hat. Da der Welpe die Flächen mit der Nase absuchen soll, ist es wichtig von Anfang an die Windrichtung in den Versuchsaufbau mit einzubeziehen. Achten Sie darauf, aus welcher Richtung der Wind weht und bringen Sie den Welpen mit gutem Wind an die Beute. Machen Sie sich dabei interessant, lehnen

Mit 14 Wochen setzt die Labradorhündin ihre Nase schon gezielt ein.

Sie sich nach vorne, schnüffeln Sie auffällig, damit der Hund aufmerksam wird. So wird er sich an Ihrem Verhalten orientieren.

Der Jungspund lernt auf diese Weise von Anfang an zwei wichtige Dinge. Erstens: Sie helfen ihm, arbeiten mit ihm zusammen. Zweitens: Er kann das Dummy nicht nur über die Augen, sondern vor allem über die Nase ausfindig machen.

Nase hoch

Bis jetzt hat Ihr Welpe nur am Boden liegende Dummys gesucht. Steigern Sie jetzt den Schwierigkeitsgrad, indem Sie das Dummy an einem erhöhten Platz verstecken. Dazu eignen sich Dummys mit einer Schlaufe am Ende, mittels der Sie es an einem Zweig im Gebüsch befestigen können. Hängen Sie das Dummy nicht zu hoch, da Ihr Welpe es sonst eventuell nicht erschnuppern kann.

Nach dem Verstecken gehen Sie wie immer vor: Der Hund sitzt, Leine oder Rucksack definieren den Ausgangspunkt. Sie bauen durch Ihre Körperhaltung Spannung auf und schicken ihn über die Richtungsweisende Geste zum Suchen mit gutem Wind.

Lassen Sie ihm Zeit, allein zu finden und zu begreifen, dass das Dummy nicht auf dem Boden liegt. Wird er nicht fündig, bringen Sie ihn über Gesten so an das Dummy, dass er die Wittrung möglichst gut in die Nase bekommt. Helfen Sie ihm, schnuppern Sie demonstrativ in die Höhe, Sie werden sehen, der Welpe wird das Apportel finden. Er lernt wieder einmal, sich an Ihnen zu orientieren und außerdem den Wind zu nutzen. Und wenn sich auf dem Entenstrich der vom Himmel geschossene Breitschnabel in den Ästen eines Gestrüpps verfängt, wird der Hund nicht nur am Boden suchen, sondern auch die Möglichkeit in Betracht ziehen, sich Wind „von oben“ zu holen.

Vorbereitung auf das Buschieren

Beim Buschieren durchsucht der Jagdhund Büsche und Unterholz nach Federwild und Hasen. Er arbeitet dabei „unter der Flinte“, das heißt im direkten Wirkungsbereich des Jägers. Im Gegensatz zum Stöbern setzt man hier Rassen ein, die nur „kurz“ jagen, zum Beispiel Vorstehhunde.

Sie bereiten Ihren Welpen auf diese Jagdart vor, wenn Sie ihn auf den Reviergängen immer wieder Büsche und Unterholz nach Dummys absuchen lassen, die Sie bereits vorher für ihn nicht sichtbar dort abgelegt haben. Dabei können Sie ihn abwechselnd einmal zur Frei-Verloren-Suche schicken, oder Sie bringen ihn so geschickt an den Wind, dass Sie sehen, ob der Geruch des Dummys ihn auslöst und er es von sich aus holt und bringt. Sie sind derjenige, der ihn schickt.

Das Schema bleibt immer dasselbe: Sitzen, Spannung aufbauen, mit gutem Wind die Richtung weisen und losschicken. Er darf keinesfalls selbstständig beginnen, viel versprechende Hecken abzusuchen.

Deshalb ist es wichtig, ihn beim nächsten Gehölz wieder bei sich zu halten, indem Sie ihn zum Fuß-Gehen motivieren, oder an die Leine nehmen.

Erfolg durch Teamarbeit

Es ist durchaus möglich, dass Ihr Welpe das Dummy nicht gleich findet, sein Suchverhalten einstellt und fragend zu Ihnen schaut. Perfekt, schließlich arbeiten und jagen Sie im Team! Nutzen Sie diesen Blickkontakt, indem Sie den Welpen über deutlich Richtungsweisende Gesten zum Dummy lenken. Kommt er dadurch zum Erfolg, erhalten Ihre Körpersignale für ihn Bedeutung und er wird sich zukünftig noch stärker daran orientieren. Er lernt bereits jetzt, dass ihn Teamarbeit zum Erfolg bringt.

Wichtig

An Land werden das Kontakthalten und das Sich-leiten-Lassen erarbeitet, was später bei der Wasserarbeit wichtig wird. Denn nur was an Land funktioniert, kann man auch bei der Wasserarbeit abrufen.

Der fragende Blick des Deutsch-Drahthaar-Welpen wird durch eine Geste in Richtung Dummy belohnt.

Wasser

Durch die Vorprägung beim Züchter (s. S. 44) kennt Ihr Welpe das Element Wasser bereits. Lässt es die Jahreszeit zu, suchen Sie bei warmen Außentemperaturen flache Wasserstellen auf, die Sie zusammen mit Ihrem Welpen durchwaten können. Sobald der Kleine das Wasser problemlos annimmt, legen Sie ein kleines, leichtes Schwimmdummy nah vor ihm ins Wasser und motivieren ihn dazu, es herauszuholen.

Schwimmen lernen

Die Fähigkeit zu schwimmen ist den meisten Hunden angeboren, dennoch sollten Sie Ihren Welpen nicht überfordern, indem Sie ihn zu früh mit tiefen oder strömungsreichen Gewässern konfrontieren.

Von Neugierde angetrieben, nimmt der Deutsche-Wachtelhund-Welpe unbekümmert das Wasser an.

Zwingen Sie den Jungspund nicht zum Schwimmen, sondern lassen Sie ihm Zeit und machen Sie ihn langsam und schrittweise mit tieferem Wasser und Strömungseffekten vertraut.

Bei Welpen, die sich am Wasser unsicher zeigen, kann eine Hundeschwimmweste eine wertvolle Hilfe sein, weil sie für zusätzlichen Auftrieb sorgt und Sicherheit gibt.

Hilfsmittel Reizangel

Sollte der Welpe Scheu vor dem Nass zeigen, nehmen Sie die Reizangel zu Hilfe, denn fast jeder Welpe lässt sich zum kurzen Nachhetzen anrüden, wenn die an der Reizangel zappelnde Beute sich zuerst am Uferrand entlangbewegt und dann, wenn der Welpe stark erregt ist, plötzlich ins Wasser flieht und dort zappelnd liegen bleibt. Oft reicht der Anreiz des zappelnden Lieblingsdummys und dessen „Fliehen" dazu, das „unangenehme" Wasser kaum noch wahrzunehmen und beim Greifen der im Wasser liegengebliebenen Beute plötzlich festzustellen, dass es doch gar nicht so schlimm ist. Hilft auch das nicht, warten Sie lieber einige Wochen und motivieren ihn dann noch einmal, das Wasser anzunehmen, vielleicht war es einfach noch zu früh für ihn.

Wie beim Apportieren an Land wird der Welpe abgeblockt und dann mit einer richtungweisenden Geste zum Dummy geschickt, das sich anfangs leicht erreichbar in Ufernähe befindet.

Naseneinsatz

Auch im Wasser nutzt Ihr Welpe seine Sinnesorgane, vor allem seine Nase. Auf der Wasseroberfläche setzen sich beim Werfen eines zuvor ins Wasser getauchten Dummys oder Wildstücks durch die abperlenden Wassertropfen mikroskopisch kleine Geruchspartikel ab, die den Eigengeruch der Beute mit sich tragen. Das ergibt für den Hund eine Spur, der er folgen kann.

Wichtige Erziehungsschritte zur jagdlichen Frühförderung

- ▶ **Apport**
- – Alles ist deins!
- – Tauschen
- – Bindung und Teamarbeit aufbauen
- – Ruhe und Konzentration fördern
- – Wind mit einbeziehen
- – Buschieren
- ▶ **Wasserkontakt**

Die Nasenleistung fördern

Die Schleppe

Über Schleppen mit Dummys, Hasenbalg, Entenschwingen, einer Hasenpfote oder einem Rehlauf etc. lernt der Welpe zwischen den verschiedenen Wildwittrungen zu unterscheiden. Daher legen wir schon sehr früh erste kleine Verleitungen, um zu erkennen, ob der Welpe sich von der Spur bzw. Fährte ablenken lässt oder diese beharrlich verfolgt. Je nachdem, wie er sich dabei verhält, weiß man, an was gearbeitet werden muss.

Der Beginn

Von der ersten Hasenspur am Riemen, von der der Welpe nach einigen Metern abgerufen und abgetragen wird, gehen wir zu kurzen Entenschleppen über und kommen so zum späteren Einsatz im Wasser. Eine Entenschwinge, die durchs flache Wasser ins Schilf gezogen wird, imitiert die Schwimmspur der Ente, die sich ins Schilf drückt. Sichtig ins Schilf geworfene Schwingen animieren zum Absuchen des Schilfgürtels. Tropfspuren zu Land und im Wasser bereiten vor auf Federwild, Fasan und Ente, die sowohl an Land als auch im Wasser ihre Geruchsspuren hinterlassen, wenn sie abstreichen.

Die Nase öffnet sich

Je nach Rasse und individuellem Entwicklungsstand beginnen Welpen ihre Nase nach und nach einzusetzen. Bei manchen ist das schon nach wenigen Lebenswochen, bei anderen, den sogenannten Spätentwicklern, erst im Alter von 14 oder gar 16 Wochen der Fall. Beobachten Sie deshalb Ihren Schützling genau – zum Beispiel auf Ihren gemeinsamen Ausflügen. Nimmt er die Nase dabei immer häufiger zu Boden, ist es so weit, die tiefe Nase bei ihm zu fördern.

Tiefe Nase fördern

Zur ersten Spurensuche spannt der Hundeführer einen Helfer ein. Der hält den Welpen sanft am Halsband, während sich der Hundeführer einige Meter entfernt und in die Hocke geht. Der Welpe wird jetzt vom Hundeführer gerufen und vom Helfer sofort losgelassen. Der Jungspund wird auf den Hundeführer zustürmen und dort mit Futter belohnt. Der Helfer schließt auf, hält den Welpen wieder kurz fest und der Hundeführer schafft erneut einige Meter Distanz zwischen Helfer, Welpe und sich.

Nach zwei bis drei Wiederholungen versteckt sich der Hundeführer zum Beispiel hinter einem Baum, Strauch oder Fahrzeug. Lässt man den Welpen nach dem Gerufen-Werden frei, wird er in die Richtung loslaufen, in die der Hundeführer „abgetaucht“ ist. Da der Azubi den Hundeführer nicht mehr sieht, setzt er zwangsweise seinen Instinkten gehorchend die Nase ein. Schnell hat er die Spur aufgenommen und findet so zum Hundeführer und zum Futter. Der Helfer kann den Welpen dabei auch am Riemen führen.

Erste kleine Schleppe ziehen

Kennzeichnen Sie den Beginn der Schleppe deutlich, zum Beispiel mit einem Stein, damit Sie den Welpen später wirklich an der richtigen Stelle ansetzen können. Dann ziehen Sie nicht sichtig für Ihren Welpen ein Dummy, Felldummy oder Wildteil auf geradem Weg über den Boden. Nach rund zehn bis zwanzig Metern lassen Sie es im Gras liegen, allerdings so, dass der Welpe es vom Beginn der Schleppe aus nicht gleich sehen kann. Am Ende der Schleppe gehen Sie in einem großen Bogen (nicht auf der Schleppspur) zurück.

Jetzt holen Sie Ihren angeleinten Welpen. Zirka ein bis zwei Meter vor der von Ihnen zuvor gekennzeichneten Stelle, an der Sie mit dem Schleppen-Ziehen begonnen haben, legen Sie den mitgebrachten Rucksack ab, bringen Ihren Welpen über die Sitz-Geste ins Sitz, nehmen ihm Halsung und Führleine ab und legen ihm die Fährtenhalsung (eine spezielle Halsung, die nur zur Riemensuche verwendet wird) mit dem angeklinkten langen Riemen an.

Am Schleppenanfang

Gemeinsam mit dem Welpen begeben Sie sich jetzt zum Schleppenanfang, gehen in die Hocke und schnuppern übertrieben deutlich und für den Welpen gut hörbar, so als ob Sie einen ganz besonderen Geruch in der Nase hätten. Ihr Welpe wird neugierig werden, Sie nachahmen und ebenfalls anfangen, diese Stelle zu bewinden. Zieht die Geruchsspur ihn an, loben Sie ihn mit einem freudigen, ruhig und leise gesprochenen „Ja“, geben Riemen und folgen ihm.

Falls er den Abgang nicht findet, gehen Sie in den Vierfüßlerstand und ziehen weiter laut hörbar Luft durch die Nase, während Sie dem

1 Hoch motiviert fällt der Terrier die Schleppe an.

2 Am Ende der Schleppe findet der Rüde die zurückgelassene Hasenpfote.

3 Gemeinsam geht es zurück zum Ausgangspunkt, an dem sofort getauscht wird.

Schleppenverlauf folgen. Schnell koppelt sich der Welpe und „schnuppert“ sich mit Ihnen Zentimeter für Zentimeter gemeinsam zum Apportel.

Aufnehmen

Dort angekommen motivieren Sie ihn, es aufzunehmen. Zeigt er kein Interesse, nehmen Sie es selbst auf und motivieren ihn zum Nehmen. Sobald er das Dummy in den Fang nimmt, rufen Sie freudig „Ja“ und laufen zum Ausgangspunkt, zu Führleine und Rucksack zurück, um dort zu tauschen. Nimmt er es nicht, tragen Sie es selbst zurück, legen es am Rucksack ab und belohnen den Welpen. Das kennt er schon, Beute am Ausgangspunkt heißt Futter. Sollte Ihr Hund einen anderen Weg einschlagen wollen, dirigieren Sie ihn sanft mit dem langen Riemen in Richtung Ausgangspunkt zurück. Dort angekommen, wird sofort getauscht.

Tausch immer am Ausgangspunkt

Je sicherer der Welpe der Geruchsspur auf der Schleppe folgt und am Ende das Dummy aufnimmt und wieder zurückbringt, desto eher können Sie auf den langen Riemen verzichten und ihn die Schleppe alleine arbeiten lassen. Konsequent tauschen Sie jedes Mal nur am Ausgangspunkt. So lernt der Hund von Welpenbeinen an, sich auf seiner eigenen Spur zurückzuorientieren. Das prägt ein Zurücksuchen auf der Eigenspur und ist gerade für Stöberjagden oder wenn der Hund vom Stand aus geschnallt wird, äußerst wichtig.

Wichtig

Arbeitet der Welpe die Schleppen zu schnell und zu hektisch, sollten Sie die Stehzeit verlängern und den Hund erst nach zehn oder 15 Minuten auf der Spur arbeiten lassen. So wird es schwieriger und er muss sich stärker konzentrieren.

Bringfreude steigern

Um die Bringfreude Ihres Welpen zu steigern, ziehen Sie, bevor er eine seiner Futterrationen bekommt, immer mal wieder eine Schleppe mit einem Dummy. Im optimalen Fall folgt er der Spur, findet, nimmt

Jute-Dummys eignen sich ausgezeichnet zur Schleppenarbeit, um dabei die Hundenase zu sensibilisieren.

Mit Abwechslung und Ablenkung

Sorgen Sie für Abwechslung, absolvieren Sie die Übungen nicht immer am gleichen Ort. Der junge Hund soll unabhängig von seiner Umgebung konzentriert suchen. Die Übungen sollen überall „sitzen". Gleichgültig ob Sie sich auf einem Parkplatz, im Garten oder im Revier befinden, ob Ablenkung vorhanden ist oder nicht.

das Apportel auf und läuft freudig zu Ihnen zum Ausgangspunkt zurück, um seinen vollen Fressnapf als Tausch für das Dummy in Empfang zu nehmen.

Falls es die Gegebenheiten in Ihrem Umfeld zulassen, längen Sie die Schleppe und wählen am Ende immer wieder neue Verstecke für das Apportel. Bedecken Sie es zum Beispiel mit Laub, klemmen es zwischen Brennholz, mal oben, mal unten, aber eben immer so, dass der Welpe herankommen und es apportieren kann. Sollte Ihr Hund noch nicht zuverlässig im Bringen sein, leinen Sie ihn am langen Riemen an, damit Sie Kontrolle über ihn haben und arbeiten gemeinsam mit ihm die Spur aus. Das stärkt den Teamgeist.

Prägung auf verschiedenes Wild

Führen Sie Ihren Welpen an unterschiedliche, heimische Wildarten mithilfe von Balg, Schalen etc. heran. Die Wildteile werden jedoch nur sparsam verwendet, denn sie dienen hauptsächlich dazu, dass der klei-

Spannung bis in die Rutenspitze – der Deutsche Wachtelhund lernt die Wittrung von Federwild kennen und kann es gar nicht mehr erwarten, die an der Reizangel befestigte Schwinge genauer unter die Lupe zu nehmen.

ne Racker die Wittrung von *dem* Wild kennenlernt, mit dem er später hauptsächlich zu tun hat. Je nach Entwicklungsstand, Rasse und späterem Aufgabengebiet, legen Sie das eine oder andere kleine Wildteil über eine kurze Schleppe oder eine erste Freisuche zum Apport aus. Bieten Sie dem Welpen von Anfang an Verleitfährten an. Jetzt spätestens sollten Sie sich im Klaren darüber sein, für welches Wild und welche Jagdart Sie Ihren jungen Gefährten brauchen.

Spezialisten jetzt schon formen

Soll Ihr Hund als Spezialist für nur eine Aufgabe eingesetzt werden, zum Beispiel als Nachsuchenhund, der ausschließlich auf Rot- und/oder Schwarzwild geführt wird, bieten Sie ihm von Anfang an nur Wild, Schweiß und Fährtenwittrung dieser Wildarten an. Auch in diesem Fall macht es Sinn, den Spezialisten bei der Ausarbeitung der Schleppe mit einer Verleitfährte, beispielsweise von Rehwild, zu konfrontieren. Lässt er sich ablenken und fällt die Verleitung an, belegen Sie das mit einem deutlichen „Nein". Bestätigen Sie ihm mit einem „Ja, so brav!", wenn er die Fährte wieder aufnimmt.

1 Gemeinsam pirscht man sich an das „gefährliche" Rehdecken-Dummy heran.

2 Die Fuchslunte hat der Wachtelhund jetzt auch kennengelernt, doch bevor er auf dumme Gedanken kommt, muss schnell getauscht werden.

Erster Raubwildkontakt

Bringen Sie Ihren Welpen auch mit verschiedenen frischen Raubwildarten in Kontakt, um ihn damit vertraut zu machen. Das über die Reiz angel „lebendig" gemachte Raubwild macht den Jungspund mutig, es zu packen. Es verbietet sich von selbst, jetzt mit dem Azubi um den Balg zu streiten – hier ist Tauschen angesagt. Bei Terriern oder Teckeln können Sie die Lunte schon mal durch eine Röhre ziehen.

Stöbern, Spurlaut geben

Stöbern und zurück zum Ausgangspunkt

Wenn ein Hund stöbert, soll er längere Wege gehen dürfen, sich jedoch immer wieder zurück zu seinem Hundeführer in der Treiberwehr orientieren oder zum Stand, sofern er von dort geschnallt wurde. Das Zurückkehren auf der eigenen Spur kann man gar nicht früh genug üben. Lassen Sie auf dem Reviergang einen Helfer mit dem angeleinten Welpen kurz außer Sicht gehen. Dann rufen oder pfeifen Sie Ihren Hund heran. Er lernt, über die eigene Spur und die des Helfers zurückzusuchen. Belohnen Sie den Ankömmling mit ein paar Bröckchen Futter. Von einem gemeinsamen Ausgangspunkt aus entfernen sich der Helfer in die eine und Sie in die andere Richtung. Der Welpe sucht zuerst auf der Eigenspur und der Spur des Helfers bis zum Ausgangspunkt zurück und wechselt ab dort auf ihre Spur.

Anfangs in wildarmen Gebieten

Steigern Sie langsam die Entfernung und üben Sie anfangs in wildarmen Gebieten, damit der Hund nicht auf Wildwittrung stößt und sich entzieht. Man kann den Welpen auch am langen Riemen zurücksuchen lassen. Eine sinnvolle Übung, die den Hund für spätere Nachsuchen trainiert.

Zukünftig ist es dann auch keine Hexerei, wenn sich der Azubi während der Drückjagd, bei der Sie als Hundeführer durchgehen, auf seiner eigenen Spur zurückorientiert und, sobald er dabei auf Ihre Spur stößt, dieser folgt und schließlich wieder an Ihrer Seite läuft.

Spurlaut-Test

Frühestens kurz vor dem Zahnwechsel prüfen Sie anhand einer frischen Spur oder Fährte und nur ein einziges Mal die Veranlagung Ihres Welpen zum Spurlaut. Denken Sie dabei an den Leitsatz „Vorbeugen statt korrigieren“ und „üben“ Sie den Spurlaut nicht, wie oft empfohlen, über häufiges Verfolgen-Lassen der Hasenspur oder sogar des sichtigen Hasen. Der Hund lernt dabei nämlich nicht, Sie jagdstrategisch sinnvoll so nahe an den Hasen heranzuführen, dass Sie den erlegen können, sondern lernt stattdessen, den Hasen zu vertreiben.

Achten Sie immer(!) auf den Gehorsam am Wild, das heißt die Abrufbarkeit des Welpen, auch von einer frischen Wildspur oder Fährte. Bei der Jugendprüfung wird Ihr Azubi auf der Hasenspur zwar nicht so viele Punkte bekommen, dafür bleibt er aber kontrollierbar.

Der ideale Hase

Wenn in Ihrem Sichtfeld ein Hase unbemerkt für Ihren Welpen aus seiner Sasse aufsteht und außer Sicht abgeht führen Sie Ihren Welpen schnell an die warme Sasse heran und lassen ihn direkt an der Sasse arbeiten. Dort ist die Wittrung überwältigend, und man lässt ihn sich den Abgang der Spur selbst erarbeiten. Das gibt uns Aufschluss über seinen Spurwillen. Im Normalfall nimmt der Welpe die Spur an und saugt sich schnell an ihr fest. Entsprechend seiner Veranlagung gibt er zaghaft Laut. Je länger er die Spur hält, desto wahrscheinlicher ist es, dass er in einen starken Erregungszustand verfällt und dann auch kräftiger Laut gibt.

Bleibt er stumm, oder geht nicht weit genug, seien Sie nicht betrübt. Das kann mit zunehmender Reifung und vor allem später auf der Jagd ganz anders aussehen, denn manch stummer Ritter ist bei einer wirklichen Schlacht in wahres Kampfgeheul ausgebrochen.

Erstes Vorstehen

Der Vorstehhund hat eine natürliche Veranlagung zum Vorstehen und sein damit einhergehender Jagdverstand gebietet ihm, sich so nahe an das Beuteobjekt heranzuarbeiten, dass er es mit einem sicheren Mäusesprung packen kann. Zeigt ein Welpe anfangs keine Vorsteheigenschaft, können Sie diese durch überlegte Herangehensweise über das Hilfsmittel Reizangel kultivieren und ausbauen. Der Hund passt sich dem Verhalten seines Hundeführers an: Bleibt der stehen, bleibt auch der Hund stehen, zieht der Hundeführer nach, macht das der Hund ebenso.

Wie angewurzelt bleibt der Deutsch-Drahthaar stehen und beweist eindrucksvoll, in welches Lager er gehört – zu den Vorstehhunden.

Vorsteh-Test

Wenn Sie sich für eine Vorstehhunderasse entschieden haben, testen Sie, wie stark diese Anlage bei Ihrem Welpen vorliegt. Dazu gibt es zwei Möglichkeiten:

1. Überprüfen von Instinktverhalten durch Zufallsprinzip: Ihr noch unerfahrener Welpe kommt im Feldrevier das erste Mal zufällig mit einem Geruchsbild in Berührung. Jetzt sehen Sie, ob die Wittrung ihn zum Vorstehen auslöst oder ob er die Veranlagung zum Hinterherpreschen hat. Sichern Sie ihn vorher mit der Feldleine ab.

2. Verhaltenskoppelung und Heranführung an die Wittrung: Bereiten Sie dazu Folgendes vor: Verstecken Sie einen Käfig mit einer Wachtel, einem Fasan oder einer Taube gut verblendet im hohen Gras, Buschwerk, oder einer Ackerfurche. Dann holen Sie Ihren Welpen und bringen ihn, abgesichert an der Feldleine, gut an den Wind. Jedes noch

Über die Reizangel lernt der Welpe, jagdstrategisch an Beute heranzugehen.

so geringe Anzeigeverhalten belohnen Sie mit Futter. Tragen Sie den Hund dann ab und bringen Sie ihn erneut an Wittrung. Ein Anspringen des Käfigs wird durch ein Zurückhalten des Hundes an der Leine und mit einem „Nein" unterbunden. Warten Sie, bis der Welpe aus der Spannung kommt, dann bringen Sie ihn ins Sitz, blocken ihn mit der „Bleib"-Geste, gehen zu dem Käfig, tragen diesen außer Sicht und belohnen dann den Hund für das Zuschauen. Das kennt er schon von den Apportierübungen.

Reizangel fördert Vorstehverhalten

Die Reizangel bietet unter anderem eine gute Möglichkeit, einem (Vorstehhund-)Welpen das Vorstehen näherzubringen oder es zu festigen.

Nutzen Sie die Reizangel nicht leichtfertig zur Steigerung der Passion, sondern zum lustbetonten Üben mit dem Ziel, jagdliche Anlagen zu wecken und zu fördern, um dabei gleichzeitig Kontrolle über den Beutegegenstand und den Hund auszuüben. Der Reiz, der das Hetzverhalten des Welpen auslöst, wird nicht von dem Erfolg gekrönt, dass

Bau einer Reizangel

An das Ende einer zirka drei bis vier Meter langen Stange aus elastischem Holz, wie zum Beispiel Haselnuss, binden Sie eine zirka vier Meter lange, dünne Schnur, an der Sie einen Beutegegenstand (Dummy, Schwinge, Balgstück von Haar- oder Raubwild) befestigen. Variieren Sie die Beutestücke, damit Ihr Welpe unterschiedliche Wildarten kennenlernt.

er jedes Mal die Beute hetzend packen darf. Viel wichtiger ist es, dass der Welpe dabei eine Jagdstrategie entwickeln kann, Sie eine Verhaltenskoppelung erreichen und den Gehorsam durch sanftes Zügeln etablieren, indem Sie das Verfolgungsverhalten des Welpen kontrollieren. Fördern Sie bewusst Vorstehen, Nachziehen und das Warten, bis Sie ein Signal zum Einspringen und apportieren geben.
Im Revier macht der Hund am Wild üblicherweise eine ganz ähnliche Erfahrung wie an der Reizangel. Springt er ein, ohne dass er dazu aufgefordert wurde, streicht die Ente oder der Fasan unerreichbar für ihn ab. Wartet er hingegen die Anweisungen seines Hundeführers ab und der kommt zum Schuss, macht also Beute, lernt der Azubi bald, dass Teamarbeit ihn zum Erfolg bringt.

Zur Ruhe reizen

Lassen Sie das Dummy im schnellen Wechsel von rechts nach links hoch über den Kopf des Welpen hinwegfliegen, sodass der Welpe in einen Konflikt gerät, weil er sich gar nicht so schnell für die Seite entscheiden kann, auf der das Dummy sich gerade befindet. Noch ehe Ihr Azubi die Richtung gewechselt hat, muss das Dummy bereits wieder auf der anderen Seite sein. Zeigt der Welpe kurzes Verharren, stoppen Sie das Dummy sofort und lösen ihn mit einem „Tock" aus, es zu greifen. Er soll verknüpfen, dass die Beute nur dann zur Ruhe kommt und für ihn erreichbar wird, wenn er verharrt.
Klappt das, arbeiten Sie am Nachziehen des Welpen, indem Sie sich gemeinsam mit ihm an die Beute anschleichen und ihn so dazu bringen, sich an Sie zu koppeln. Lassen Sie den Welpen so nah an die Beute herankommen, dass er diese mit einem Sprung (ähnlich dem Mäuselsprung) „fangen" kann.

Einsatz der Reizangel

- Auswahl eines Welpen
- Jagdliche Anlagen wecken und fördern
- Vorstehen einüben (Verfolgen – Verharren – Vorstehen)
- Greifen auslösen über Hörzeichen „Tock"
- Apportieren
- Erste Einarbeitung des Trillers zum späteren „Halt"
- Standruhe, Gehorsam trotz Bewegungsreiz oder Schussabgabe
- Hilfe zur Überwindung von Scheue am Wasser

Gehorsam am Wild

Unerwünschte Verselbstständigung

Es ist eine alte Weisheit, dass ein nicht sicher im Gehorsam stehender Hund nicht an Wild und dessen Spuren herangeführt werden soll, weil das meistens bewirkt, dass er aus der Hand geht und es zu einer Verselbstständigung kommt. Für den Hund steht dabei nicht das gemeinsame Beute machen im Vordergrund und wird einstudiert, sondern nur die Lust, Wild und dessen Spuren zu verfolgen.

Nach dem Stellen muss sich der Hund vom Stück Wild abrufen lassen, damit der Fangschuss gegeben werden kann, ohne ihn zu gefährden.

Noch fataler wirkt sich das bei einem Welpen aus. Wie soll ein unerfahrener Welpe sinnvolle Jagdstrategien entwickeln, in denen sein Hundeführer einen Platz als notwendiger Jagdpartner einnehmen soll, wenn Hinterherhetzen als selbst belohnendes Element sein Handeln bestimmt.

Erste Anzeichen erkennen

Viel zu früh ermöglicht mancher Hundeführer bereits dem Welpen bei jedem Reviergang, Wildwittrung aufzunehmen und zu verfolgen. Der Welpe wird manchmal sogar richtiggehend dazu aufgefordert, weil sich das Augenmerk des Hundeführers dabei auf das Wecken von Spurlaut, Spurwille und Passion am Wild richtet. Die Prägung auf den Hundeführer, die Kontaktaufnahme und das Kontakthalten, sowie das Überlassen und In-Besitz-Bringen von Beute werden hier vernachlässigt.

Nimmt man eine beginnende Verselbstständigung des Welpen nicht ernst, sammelt der Jungspund Eindrücke und Erfahrungen, die zwar seine Anlagen wecken und fördern, die ihn aber auch dauerhaft prägen. Aber in welche Richtung? Dahin, dass Wittrung von Schalen-, Nieder- und Raubwild zwingend Hinterherhetzen in ihm auslösen! Der Hund hat zu wenig eigenen Willen, um zu entscheiden: „Hetzen oder nicht hetzen." Er wird einfach ausgelöst und für den Hundeführer unkontrollierbar.

Prävention ist hier die einzig sinnvolle und erfolgversprechende Möglichkeit, auch um später möglichst auf die für alle Beteiligten unangenehmen Reglementierungen verzichten zu können. Der Welpe soll von Beginn an lernen, dass Jagd nur stattfindet, wenn tatsächlich die Chance besteht, Beute zu machen und sein Partner Mensch mit von der Partie ist. Das Aufnehmen von Spuren und Verfolgen von Wild muss von Welpenbeinen an unter Signalkontrolle gebracht werden. Dazu gehört auch, dass sich bereits der Welpe jederzeit durch einen Laut stoppen lässt.

Passion am Hasen kommt von selbst und muss nicht künstlich beim Welpen geweckt werden.

Beispiel „Halt" am sichtigen Hasen

Folgendes Übungsbeispiel führen Sie mit Ihrem Welpen oder Junghund erst dann durch, wenn er dafür stabil und reif genug ist.

Gehen Sie mit Ihrem Jungspund an der Feldleine über ein Feld oder eine Wiese. Bekommt er plötzlich Wind von einem Hasen und zeigt er diesen kurz an, wird sein Anzeigeverhalten unverzüglich mit einem „So brav hüüüt" bestätigt und er mit einem Futterbrocken belohnt. Sollte der Hase aus der Sasse hochfahren und fliehen, muss der Hund augenblicklich mit einem lauten und aggressiv artikulierten „Aus!" oder Trillerpfiff zum Stoppen gebracht werden. Ebenso verfährt man, wenn bei der Streife übers Feld ein Hase hoch wird und flüchtig abgeht.

Immer soll der Hund bei Sichtigwerden eines fliehenden oder sich bewegenden Hasen stoppen, sich dem Hundeführer zuwenden und

Jagdverhalten in erwünschten Bahnen

Viele Jagdhunde verlieren in Reizsituationen die Selbstkontrolle und gehen dem Hundeführer aus der Hand. Ein Hund kann jedoch lernen, sich selbst zurückzunehmen und andere Verhaltensweisen zu zeigen, als die in seinem Repertoire naturgemäß veranlagten. Dies ist aber nur dann möglich, wenn er instinktives Jagdverhalten nicht ständig unkontrolliert ausleben kann.

jede Aktivität einstellen. Erst wenn das klappt, wird der junge Hund solchen Reizlagen zum Test auch einmal ohne Feldleine ausgesetzt. Verweigert er am sichtigen Hasen nun den Gehorsam, muss er zuerst wieder an der Feldleine über den Triller auf der Gesundspur zur rechten Einsicht gebracht werden.

Wird der noch unerfahrene junge Hund konsequent bei jeder Hasenspur und jedem sichtigen Hasen getrillert und dann für sein Stoppen belohnt, geht ihm das in Fleisch und Blut über, festigt sich im Laufe der Zeit und wird kaum mehr infrage gestellt. Damit lässt sich auch das Armbruster Haltabzeichen auf der Jugendsuche meistern.

Wichtig

Ihr Hund muss für Sie im Revier jederzeit kontrollierbar bleiben. Sie müssen ihn jederzeit abrufen können.

Bewegungsjagden

Der häufige Einsatz eines Jagdhundes bei Bewegungsjagden erschwert es der Familie auf den täglichen Spaziergängen ungemein, den freilaufenden Hund unter Kontrolle zu halten. Da jeder Jagdeinsatz im höchsten Maße für den Hund selbst belohnend ist, müssen ihm Alternativbeschäftigungen angeboten werden, die der Familie helfen, den Hund in seiner „Freizeit“ zu kontrollieren und auszulasten. Damit das gelingt, ist sehr gute Vorprägung geboten. Nur so besteht die Chance, dass der Hund lernt zu unterscheiden: „Jetzt sind wir nicht auf der Jagd.“ Damit er den Unterschied zwischen Jagen-Gehen und Spazieren-Gehen akzeptieren lernt, arbeitet man schon früh neben der jagdlichen Förderung an der Auslastung des Hundes mittels Dummys und der Suche von Familienmitgliedern über deren Spuren.

Gehorsam an Wild durch Teamgeist

Sie wollen einen Hund, der dadurch Gehorsam am Wild zeigt, weil er gerne mit Ihnen im Team jagt. Bieten Sie Ihrem Welpen deshalb sinnvolle Aufgaben an, bei denen er Jagdstrategien entwickeln kann, die Sie als Partner in das Geschehen einbeziehen. Das erreichen Sie durch:

1. Die Binärsprache. Von Anfang an legen Sie beim Welpen sehr klar über die Binärsprache (s. S. 64) fest, was erlaubt ist und was nicht, und was grüne von roten Bereichen unterscheidet. Dadurch werden deutliche Grenzen gesetzt und Regeln aufgestellt.

2. Das Apportieren: Bringt der Hund gerne Beute zum Tauschen und ist er stabil und reif genug, kann nach Auslegen mehrerer Gegenstände durch das Benennen der Dummys oder Wildteile, die gebracht werden dürfen („Ja") oder die liegen bleiben sollen („Nein"), Gehorsam und Führigkeit erarbeitet und immer wieder überprüft werden (s. S. 90).
3. Die Steadiness: Durch „Bleib!"-Übungen lernt der Welpe sich auf Aufgaben zu konzentrieren, anderen bei der Arbeit zuzusehen, ruhig auf seinen Einsatz zu warten, im Wechsel stattfindende Aktions- und Ruhephasen zu erleben und zu akzeptieren.
4. Die Spuren- bzw. Fährtensuche: Die Einarbeitung auf Fährtenreinheit erleichtert den späteren Gehorsam am Wild, weil der Hund nicht auf Verleitungen umsetzt, sondern bei der von Ihnen gestellten Aufgabe bleibt.
5. Die Teamarbeit: Der Hundeführer fördert die Kontaktaufnahme, das Kontakthalten und das freudige und freiwillige Überlassen von Beute, sowie das ihn mit einbeziehende Anzeigeverhalten.
6. Die Reizangel: Der Welpe lernt, sich an den Hundeführer zu koppeln, lernt Jagdstrategien zu entwickeln und auf den Triller zu reagieren.

Noch während die Vorstehschützen ihre Positionen einnehmen, haben diese beiden sogenannten Vorstehhunde den Bogen leergefegt.

Die Basis für das jagdliche Zusammenspiel wird im Welpenalter gelegt.

Das kann Ihr Hund nach den ersten 20 Wochen

- Freudig herankommen
- Freifolge bei Fuß mit und ohne Leine
- Nach dem Ableinen erst lossausen, wenn es erlaubt wird
- Abrufen lassen unter Ablenkung
- Ruhiges Gehen an der Leine, wenn Hund-Mensch-Gespann in die Welpenschule kommen und andere Hunde bereits am Platz sind
- Ruhe, Steadiness trotz Ablenkung durch andere Welpen (Fuß auf der Leine)
- Steadiness, also kein Winseln oder Laut geben, obwohl andere Welpen herumsausen
- Ruhiges Sitzen und Warten, auch wenn der Hundeführer sich kurz entfernt
- Bleib mit und ohne Ablenkung
- Konzentration auf den Hundeführer und die Aufgabe
- Apportieren und tauschen (auch schon erste Frei-Verlorensuche)
- Ausarbeiten kurzer Schleppen
- Zurück zum Ausgangspunkt kommen
- Vorstehen (Reizangel)
- Akzeptanz natürlicher Grenzen
- Vertraut sein mit den für ihn wichtigen Wildteilen
- Zuordnen des Schussknalls
- Jagdgeschehen von Freizeitaktivitäten unterscheiden

Bald geht es ans Jagen

Nach einer exzellenten Vorprägung durch den Züchter, Ihrer Aufbauarbeit anhand dieses Leitfadens und mithilfe einer entsprechend qualifizierten Hundeschule wurde bei Ihrem Welpen bis zu einem Alter von zirka 20 Wochen eine hervorragende Basis zum modernen Jagdhund gelegt. Das Jagen bedeutet für ihn zwar viel aber nicht alles. Hat er doch seine Familie, bei der er ausreichend Auslastung für seine Talente findet. Jetzt beginnt die Zeit, Ihren Junghund kontinuierlich in den Jagdbetrieb einzuführen. In unserem nächsten Buch werden wir uns genauer damit auseinandersetzen, wie das geht. Über ein Feedback, wie es in den ersten Wochen mit Ihrem Welpen geklappt hat, freuen wir uns!

Aus einem Welpen wird ein verlässlicher Jagdhelfer.

Die Autoren

Anton Fichtlmeier zählt zu den renommiertesten Jagdhundeausbildern Deutschlands. Er ist einem großen Publikum durch Fernsehen, Bücher, international prämierte DVDs, die Fachpresse und zahlreiche Seminare und Messepräsentationen bekannt. Seine Arbeitsweise vermittelt ein optimales Ausbildungskonzept und beeinflusst mittlerweile die jagdliche Hundeausbildung in vielen Bereichen. Nähere Infos dazu bietet www.fichtlmeier.de. Anton Fichtlmeiers Philosophie: „Gegenseitiges Verstehen und füreinander Dasein sollte die Basis der Partnerschaft zwischen Hund und Mensch sein."

HUNDEAUSBILDUNG NACH FICHTLMEIER®

Hundeführerin und Jägerin **Julia Numßen** ist als Buchautorin und durch langjährige Jagdhundreportagen für eine renommierte Jagdfachzeitschrift bekannt.

Zitierte Literatur

Dr. Helga Eichelberg, Hundezucht, Kosmos, Stuttgart 2006
Dorit Feddersen-Petersen, Hundepsychologie, Kosmos, Stuttgart 2004
Axel Wehrend, Neonatologie beim Hund, Schlütersche, Hannover 2007

Von den Autoren außerdem erschienen:

Anton Fichtlmeier, Julia Numßen: Die Ausbildung des Jagdhundes, Kosmos, Suttgart 2013
Gila und Anton Fichtlmeier: Weimaraner, Kosmos, Stuttgart 2010
Anton Fichtlmeier: Der Hund an der Leine, Kosmos, Stuttgart 2018
Anton Fichtlmeier: Grunderziehung für Welpen, Kosmos, Stuttgart 2014
Anton Fichtlmeier: Suchen und Apportieren, Kosmos, Stuttgart 2015
Julia Numßen, Chris Balke: Nachsuchen wie die Profis, blv (Imprint Gräfe und Unzer) 2017

Register

Bildnachweis

Mit 136 Farbfotos von Gila Fichtlmeier (56) sowie von Uli Esch (2): S. 22, 36; Anton Fichtlmeier (1): S. 119; Karin Fuss (1): S. 87; Christina Jehle (10): S. 12, 15 u., 16, 21, 34 o., 41 o., 46, 56, 59, 66; Hans Hendricks (10): S. 11, 15 o., 18 beide, 25 alle, 28 beide, 41 u.; Regula Lanz (1): S. 60 u.; Stefan Leipold (23): S. 7, 14 beide, 23, 29 beide, 30 beide, 32, 34 u., 35, 40, 43, 50 alle, 51 beide, 52, 53 o., 60 o., 61, 63; Stefanie Leipold (3): S. 17 u., 26, 48 o.; Julia Numßen (7): S. 4 beide, 42 u., 48 u., 72 o., 81 o., 114; Sascha Numßen (4): S. 106 alle, 121 r.; Ekkehard Ophoven (2): S. 65, 109 r.; Mike Rösch (3): S. 20, 39, 57; Laszlo Sarlay (1): S. 117; Brigitte Scheins (1): S. 17 o.; Anderl Schwarz (3): S. 45 u., 101, 107; Margit Schwarz (1): S. 54; Andreas Sellmer (2): S. 5 o., 9 und aus dem Archiv (5): S. 5 u., 75, 84 beide, 89

Autoren und Verlag danken herzlich allen Züchtern und Fotografen, die ihre ausdrucksstarken Bilder zur Verfügung gestellt haben.

Impressum

Umschlaggestaltung von eStudio Calamar unter Verwendung einer Fotografie von Lucas Birnbaum

Mit 136 Farbfotos

Unser gesamtes lieferbares Programm und viele weitere Informationen zu unseren Büchern, Spielen, Experimentierkästen, DVDs, Autoren und Aktivitäten finden Sie unter **kosmos.de**

FSC www.fsc.org MIX Papier | Fördert gute Waldnutzung FSC® C110508

Gedruckt auf chlorfrei gebleichtem Papier

Pfizerstraße 5–7, 70184 Stuttgart
kosmos.de/servicecenter

ISBN 978-3-440-12792-6
Redaktion: Ekkehard Ophoven
Produktion: Die Herstellung
Druck und Bindung: Westermann Druck, Zwickau
Printed in Germany / Imprimé en Allemagne

ANTON FICHTLMEIER

Die DVD´s zum Buch

www.fichtlmeier.de

Der Weg des Vertrauens

Grundlagen

Die DVD als ideale Ergänzung zum Buch

Beispielhaft stellt Anton Fichtlmeier in diesem Video die Entwicklung und Erziehung von Emma, der Weimaranerhündin, vor.

Ein Welpe wird sanft angeleitet und lässt sich vertrauensvoll durch die Welt führen. Anton Fichtlmeier zeigt die Basis für eine Symbolsprache die hilft, uns dem Hund verständlich zu machen. Denn für alle Arten der Ausbildung gilt: ohne Verständnis geht gar nichts!

Begreifen wir wirklich die Welt des Hundes? Entschlüsseln wir die Signale, die er uns gibt? Nehmen wir diese Signale eigentlich wahr? An vielen Beispielen lernen Sie, Ihren Blick zu schulen und vom Hund zu lernen.

ISBN-13: 978-39809415-4-9

Weitere DVD's von Anton Fichtlmeier im online-shop: www.fichtlmeier.de

ANTON FICHTLMEIER

Der Hund an der Leine

ISBN-13: 978-3-9809415-5-6

ANTON FICHTLMEIER

Der brauchbare Jagdhund
Am Wasser

ISBN-13: 978-3-9809415-1-8

ANTON FICHTLMEIER

Der brauchbare Jagdhund
Im Feld

ISBN-13: 978-3-9809415-2-5

ANTON FICHTLMEIER ERFOLGSGARANTIE